Pixel Closet

棉花娃娃手作娃衣全图解

[韩]高洪显·著
杨可意·译

中国纺织出版社有限公司

原文书名：픽셀클로젯의 말랑말랑 솜인형 옷 만들기
原作者名：픽셀클로젯 (고홍현)

Copyright © 2023 by Goh honghyeon(Pixel Closet)
All rights reserved.
Simplified Chinese copyright © 2025 by China Textile & Apparel Press.
This Simplified Chinese edition was published by arrangement with Hans Media Publisher.
Through Agency Liang.

本书中文简体版经韩国Hans Media Publisher授权，由中国纺织出版社有限公司独家出版发行。本书内容未经出版者书面许可，不得以任何方式或任何手段复制、转载或刊登。

著作权合同登记号：图字：01-2024-5227

图书在版编目（CIP）数据

棉花娃娃手作娃衣全图解／（韩）高洪显著；杨可意译. -- 北京：中国纺织出版社有限公司，2025. 5.
ISBN 978-7-5229-2212-6

Ⅰ．TS958.6-64
中国国家版本馆CIP数据核字第2024SY8371号

责任编辑：刘　茸　　特约编辑：周　蓓
责任校对：王花妮　　责任印制：王艳丽

中国纺织出版社有限公司出版发行
地址：北京市朝阳区百子湾东里 A407 号楼　邮政编码：100124
销售电话：010—67004422　传真：010—87155801
http://www.c-textilep.com
中国纺织出版社天猫旗舰店
官方微博 http://weibo.com/2119887771
北京雅昌艺术印刷有限公司印刷　各地新华书店经销
2025 年 5 月第 1 版第 1 次印刷
开本：787×1092　1/16　印张：11
字数：200 千字　定价：128.00 元

凡购本书，如有缺页、倒页、脱页，由本社图书营销中心调换

序

某一天，一个软乎乎的棉花娃娃被快递袋兜着来到了我家。抱着给不着寸缕的棉花娃娃穿上衣服的想法，我拿出了针线盒。说到针线活，我只有在校园课堂里做笔筒和自己缝扣子的经历，但为了给可爱的娃娃配上漂亮的衣服，我还是鼓起勇气迎接了挑战。

市面上很难直接买到适合制作娃衣的面料和辅料，我误买了很多用不上的东西，而且我不太会用缝纫机，导致用废了很多面料。在没有缝纫基础的情况下，我用了一周多的时间稀里糊涂地做出一条连衣裙，不合心意，遂弃之。但我相信，世上无难事，只怕有心人，于是不断地修改纸样，最终做出了完美合身的娃衣。

我抱着纯粹的热情，深深陷入制作娃衣的美妙新世界，我会纠结制作什么款式的服装，会为了制作当季娃衣把新品面料加入购物车。我发自内心地享受整个过程，其中最治愈的时刻，就是给棉花娃娃穿上我亲手制作的娃衣，尽情欣赏它可爱的模样。

写这本书，是为了帮助那些跟我一样第一次制作娃衣、对针线活一窍不通的人。希望我能一步一步地教会大家，用哪些面料和辅料，又该如何从中做出选择。如果想要为自己的娃娃量身定制纸样，我也在书中给出了许多修改纸样的提示。为了让大家避免重蹈我在新手时期所犯的错误，我用尽可能简单且详细的描述来进行讲解，希望各位都能享受制作可爱娃衣的过程。这本书中包含适合新手制作的基础单品，也包含有一定制作难度的娃衣教程，由简到难、循序渐进地进行了详解，各位可以按顺序逐步提升自己的娃衣制作能力，也可以选择自己中意的款式图进行改造，做出更好看的成衣！那么，现在就正式开始吧！

高洪显
Pixel Closet

目录

Part 1
娃衣制作准备

01 棉花娃娃的特征 33

02 材料和工具 34

03 面料 38

Part 2
娃衣制作基础课程

01 看懂纸样（裁剪图） 44

02 裁剪 45

03 基础缝纫术语 46

04 处理面料的边缘 47

05 带子和斜纹 50

Part 3
新手也容易上手！基础单品

圆领衫 56

裤子 58

松紧裤 60

无袖连衣裙 62

衬衫 66

Part 4
棉花娃娃的日常穿搭

01

圆领卫衣　72

02

连帽卫衣　76

03

背带裤　80

04

网球裙　84

05

棒球夹克　88

06

棒球帽　92

Part 5
棉花娃娃的四季造型

01 水手服 100

02 分离式海军领 104

03 贝雷帽 108

04 双面毛背心＆耳暖 112

05 高领衫 116

06 大衣 120

Part 6
专为特殊日子准备的棉花娃娃穿搭

01
正装夹克 128

02
可爱连衣裙 132

03
波奈特帽 136

04
圣诞套装 140

05
男式韩服 & 穗带 146

06
女式韩服 156

Part 7
绘制合身的纸样

01 测量棉花娃娃尺寸 162

02 绘制基础衣服纸样 164

03 绘制插肩袖衣服纸样 166

04 变为装袖纸样 167

05 绘制基础裤子纸样 168

06 修改纸样 171

实物尺寸纸样一览表 173

连帽卫衣　制作方法 p.76　　o_x

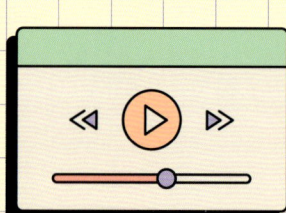

背带裤　制作方法 p.80　　o_x

圆领卫衣　制作方法 p.72

棒球帽　制作方法 p.92
裤子　制作方法 p.58

o_x

正装夹克　制作方法 p.128
衬衫　制作方法 p.66
网球裙　制作方法 p.84

圆领衫
制作方法 p.56

水手服
制作方法 p.100

贝雷帽　制作方法 p.108　　○_×

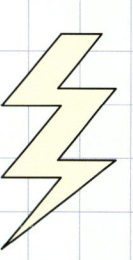

分离式海军领　制作方法 p.104　　○_×

双面毛背心　制作方法 p.113

耳暖　制作方法 p.115

棒球夹克　制作方法 p.88
高领衫　制作方法 p.116

大衣　制作方法 p.120

波奈特帽　制作方法 p.136
无袖连衣裙　制作方法 p.62

可爱连衣裙　制作方法 p.132　o_x

圣诞套装 制作方法 p.140

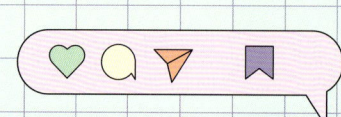

男式韩服&穗带　制作方法 p.146　O_X

女式韩服　制作方法 p.156　O_X

娃衣制作准备

01 娃衣制作准备

棉花娃娃的特征

1　SD(Super Deformation)形态

棉花娃娃的头身比例不同于人，是经过变形的。

棉花娃娃的手脚都是圆圆的，五指被省略，常常没有肩膀和脖子。

棉花娃娃的脑袋大、身体小，不能像人类一样从头部穿衣服，只能从下向上穿衣，或者穿那些带有魔术贴等扣饰的服装。

2　棉花和面料的材质

由蓬松棉花制成的娃娃身体具有弹性，可以穿下稍小于自身尺寸的衣服。但棉花娃娃容易产生污渍或沾色，选择面料时需要注意这一点。

3　无关节

制作娃衣时可以不用考虑活动性。

02 娃衣制作准备

材料和工具

必须准备的材料和工具

❶ 线： 本书中主要使用包芯缝纫线（45s/2）和普通缝纫线（60s/3、60s/2）。包芯缝纫线结实、不易断，所以经常使用。使用薄面料，或不想让线迹过于明显时，应该用缝纫线。在弹性面料（针织面料）上应该使用涤纶缝纫线和尼龙线。最常用的是黑线和白线，建议准备1500~3000m，其他颜色准备600m就足够了。

❷ 针： 手工缝制时使用刺绣针和缝衣针，也可根据个人喜好选用细长或大针孔的针。

❸ 面料： 根据有无弹性、纸样、颜色、厚度等要求，选用不同面料。详细内容参见第38页。

❹ 剪刀： 用于裁剪面料。裁剪纸样时最好使用另一把剪刀，防止面料专用剪刀变钝。

❺ 记号笔： 在面料上沿纸样的完成线、裁剪线进行描画。

- **褪色笔：** 经过一段时间，笔迹会自动消失。也能用水轻易擦除笔迹。
- **水消笔：** 可用水消除其笔迹。
- **热消笔：** 其笔迹在高温下消失。笔迹细，用起来很方便，推荐使用。须与熨斗、吹风机、卷发棒等一起使用。

❻ 珠针： 用于临时固定面料。珠针越细，面料损伤越少。这种针带珠头且针长，易于从面料插入和拔出。

❼ 熨斗： 用于消除热消笔笔迹、熨平褶皱、压住面料一角、粘贴黏合衬布或热熔胶带或烫钻。根据不同面料调节熨斗温度，也可用卷发棒代替。

根据情况选用的工具

※ **特意为大家推荐的工具**

绘制纸样时

8 书写用具： 自动铅笔、橡皮擦、胶水、纸等。

9 圆规： 用于画圆。

10 卷尺、直尺、曲线尺、缝份尺： 测量棉花娃娃的尺寸时使用卷尺，修改、绘制纸样时使用普通办公直尺。曲线尺可以辅助我们更好地绘制曲线，缝份尺有 3mm、5mm、7mm 的规格，可以帮我们轻易画出缝份的区间。

11 透写纸： 使用这种半透明的纸，可以轻易地描摹纸样。

制作特殊娃衣时选用

12 橡皮筋： 棉花娃娃尺寸小，本书中主要使用宽度小于 1cm 的橡皮筋，用于制作裤子的松紧腰、打造自然的褶皱，以及制作其他饰品、道具。

13 黏合衬、黏合棉： 用熨斗粘贴在面料里面，增添厚实感。粘贴在软趴趴的面料上可以让缝纫过程更顺利，或者直接作为半透明面料的里衬。可根据使用目的选用雪纺黏合衬、丝绸黏合衬、箱包黏合衬、窗帘黏合衬等。黏合棉也有多种厚度，可按需选用。

根据连接方式选用

14 魔术贴： 推荐使用没有黏合剂的薄缝纫魔术贴，由细小柔软的毛面和较硬的钩面构成。

15 按扣： 扣上衣服后，从外面看不出按扣的存在。本书中主要采用直径 5~10mm 大小的按扣，手工缝制在衣服上。

16 可视按扣： 使用专用工具才能安装的扣子。本书中主要采用直径 7~11mm 大小的可视按扣，扣子的盖子会露在衣服表面，若没有盖子，则会显露金属环。

17 四合扣： 使用专用工具才能安装的扣子。本书中主要采用直径 9~11mm 大小的四合扣，这种扣子的盖子会露在衣服表面。

18 拉链： 需要使用最小尺寸的拉链，推荐经常用于制作道具的"3号拉链""娃娃用拉链"和"迷你拉链"。

19 磁铁： 推荐环形钕磁铁。手工固定，在衣服表面完全看不出痕迹。不同于开关时需要用力拉开的按扣，磁铁给面料施加的压力较小。外径 6.5mm，内径 2mm，厚度 1mm，尺寸小、磁性强，保存时需注意。

装饰用

20 丝带，绳子： 用于连帽卫衣的绳子或衣服的装饰、饰品等。丝带又分罗纹、缎面（印字）、双缎面（印字）、丝绸、天鹅绒等多种质地和设计。

21 纽扣： 可配合纽扣制作扣眼用于实际开关衣服，但娃衣尺寸小，纽扣通常用来装饰。主要使用 4~10mm 直径的纽扣，手工缝制在衣服上。

22 烫钻： 可用熨斗粘贴在衣服上的装饰。可打造出金属钉、纽扣的效果，推荐少量购入与娃衣尺寸相符的美甲用烫钻。

23 烫画： 可以把喜欢的图案印在衣服上。准备好印有图案的烫画，再用熨斗加热，印到面料上。

节省手作时间的工具

缝份圈： 可以帮助我们沿着纸样的完成线在面料上轻松勾勒出缝份。

热熔胶带： 粘在两层面料之间，熨烫后使胶熔化，将面料粘贴在一起。练手时或不想露出针脚时经常用到。

面料黏合剂： 与热熔胶带用途相同。可溶的黏合剂会在洗涤后消失，使用便捷，可用于代替别针。

面料固定胶水： 与可溶面料黏合剂用途相同。不方便用别针时，涂抹少量胶水进行固定，水洗后即可消除。可用文具店常见胶水代替。

骨笔 (缝份滚轮、缝份骨笔)： 帮助我们轻松地折起面料。

裁剪刀 (圆形裁剪刀、圆形切刀)： 当待裁的面料呈直线或有多张时，可一次性进行裁剪。

裁剪尺 (方格尺)： 画有方格的尺子，有一定厚度，适合与裁剪刀一起使用。

花边剪刀： 可用于防止开线，也可用于留下规则的剪刀痕迹。

穿线器： 可以帮助我们轻松穿针的工具。

松紧带穿绳器： 可以帮助我们轻松穿进裤腰松紧带或卫衣绳的工具。

U 形纱剪： 易于剪线的剪刀。

拆线器· 拆线器能在不损坏面料的情况下挑线。可以折除缝错的线或者用于在面料上打孔。

翻里钳： 使用钳子能轻易将衣料翻面。

镊子： 用钳子将衣料翻面后，可以用镊子轻松夹住边角处。

缝纫机： 用缝纫机缝制比手工缝制更迅速，也更结实。根据缝纫机品牌和功能不同，价格也丰富多样，请一定按需购买。

提升成衣品质的工具

锁边液： 涂抹在面料边缘，凝固变硬后可防止开线。为避免在面料表面留下污痕，应少量涂抹。

缝纫机 (锁边)： 为避免面料开线，可使用缝纫线对边缘部分进行锁边。

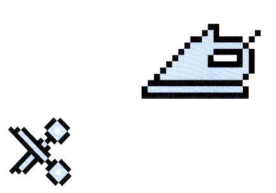

03 面料

> 娃衣制作准备

根据品名,可看出面料的厚度、材质、织造和加工方式。若想使用有花纹的面料,请务必确认是否有适合娃衣尺寸的花纹。

① 20~40支平纹(染色,印花)布
棉100%

日常手作时常用的面料。"平纹"是指经纱、纬纱相互一上一下地交织成的织物,"印染"指用染料在面料上印刷图案。

② 涤棉(TC)布
棉35%、涤纶65%

制作娃衣时推荐使用单色面料。虽然很薄,但结实且不透光。由于涤纶含量高,不易褶皱,比纯棉面料更便宜。

③ 30支平纹色织水洗布
棉100%

"色织"指用有颜色的纱线编织成的面料。这种面料上的花纹由线的颜色决定,和"印染"的不同。"水洗"是为了使面料具有自然的褶皱、颜色和触感而进行的加工处理。

④ 10支斜纹拉绒布
棉100%

"斜纹布"与"平纹布"不同,是沿斜线编织而成的面料。"拉绒"是指通过水洗绒的工艺使面料给人一种毛茸茸的感觉。推荐用于制作柔软的冬季衣物。

20 支斜纹生物洗涤面料
棉 100%

"生物洗涤"的面料经过了高温水煮，色牢度较强。若担心深色衣物掉色，可放心选用这种材质的面料。

佐织麻面料
涤纶 100%

该面料经常用于制作女士衬衫和连衣裙。质地柔软且适合缝纫，可代替雪纺使用。这种面料比较薄，可以在背面粘上丝绸黏合衬以增添厚实感。

涤纶里衬（塔夫绸）
涤纶 100%

是广泛用于里布的面料，若想打造真实衣物一般的效果时可以使用。但这种面料容易开线，且质地太过柔软，使用时需多加注意。

针织汗布
棉 100%

想要制作薄的且有弹性的衣服时，推荐使用这种面料。背面有环状织纹，容易区分正、反面。

30 支罗纹布
棉 95%、氨纶 5%

一种具有弹性的面料，容易看清纹理，适合用在卫衣的领口和袖口。将面料沿纬线方向拉伸时，能看到罗纹中闪光的氨纶线的一面是背面。

腈纶混纺针织面料
腈纶、涤纶等
让人联想到冬季毛衣的面料，请选择适合棉花娃娃的面料密度和厚度。

洋缎（摹本缎）
涤纶 100%
有光泽的韩服面料，比丝绸面料廉价。可进行热处理收边和水洗。

单面超细纤维面料
涤纶 100%
绒较短，易于制作衣物。裁剪前需检查绒面顺逆方向。

单面羊羔绒
涤纶 100%
这种面料只有表面有毛。需要注意的是，裁剪、制作过程中可能会飘出很多毛。

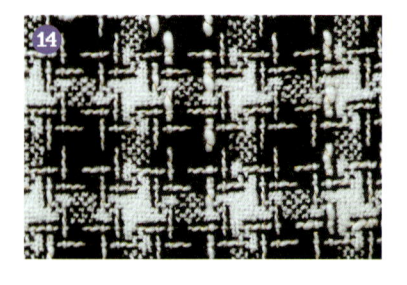

粗呢
涤纶 100%
材质独特，适合制作冬季衣物。这种面料偏厚，价格稍贵，但有高档的感觉。

重点 » 面料的基础知识

1码
(110cm×90cm)

1/4码
(55cm×45cm)

1/8码
(27.5cm×45cm)

1/2码
(110cm×45cm)

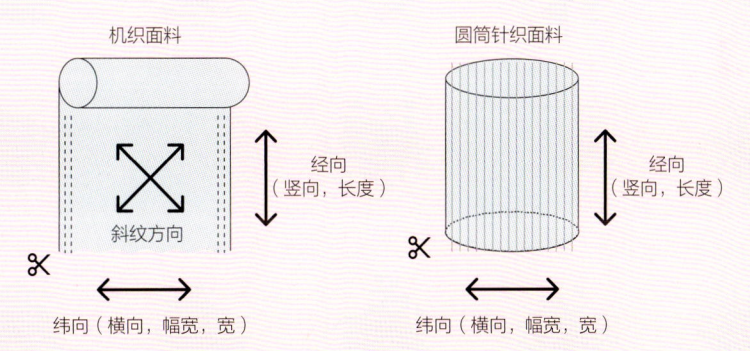

机织面料

斜纹方向

经向（竖向，长度）

纬向（横向，幅宽，宽）

圆筒针织面料

经向（竖向，长度）

纬向（横向，幅宽，宽）

面料的测量单位是"码（yard）"，1码等于90cm（或91cm）。
根据面料的宽度，可分为中幅、宽幅和特宽幅。
中幅为110cm，宽幅为130~160cm，特宽幅为300cm，可用于制作窗帘。
圆筒针织面料是圆筒形的，圆筒周长就是幅宽。

- 经向：几乎没有弹性。
- 纬向：比经向稍有一些弹性。
- 斜纹方向：弹性很好。

本书中纸样的面料经向（竖向）标记为"↑"。
不同于人的衣服，娃衣很少会因为动作或洗涤产生变形，大多数情况下可根据设计决定面料方向。
但沿正确方向裁剪面料可提升衣物完成度。

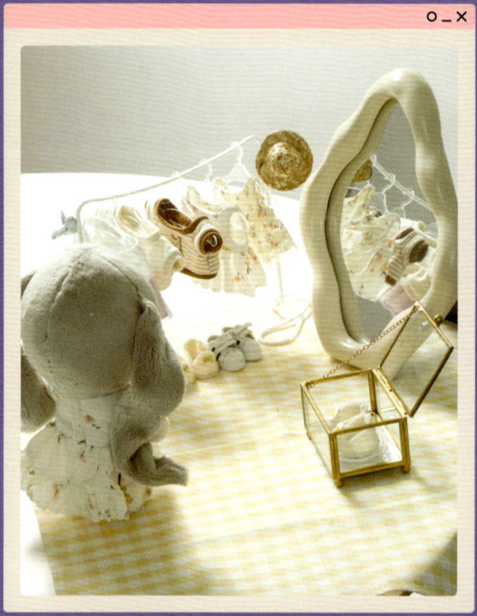

Part 2

娃衣制作基础课程

01 看懂纸样（裁剪图）

娃衣制作基础课程

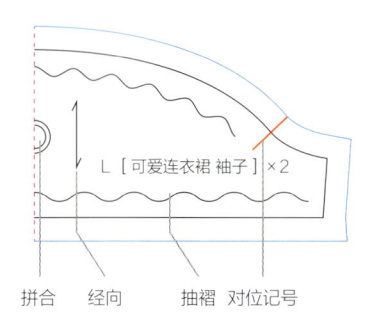

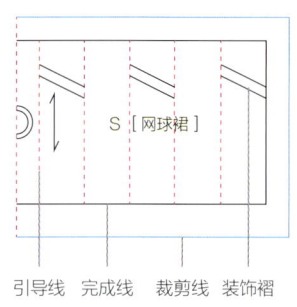

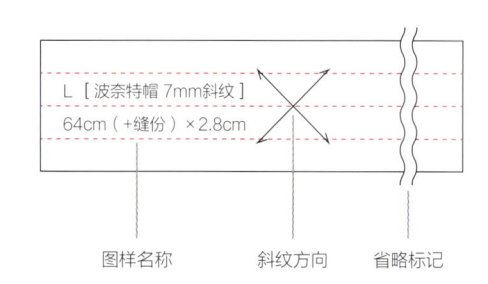

拼合　经向　抽褶　对位记号

L [可爱连衣裙 袖子] ×2

引导线　完成线　裁剪线　装饰褶

S [网球裙]

图样名称　斜纹方向　省略标记

L [波奈特帽 7mm斜纹]
64cm（+缝份）×2.8cm

完成线： 服装完成的轮廓线。与其他纸样连接时也可表示缝线。

裁剪线： 沿该线裁剪面料。沿完成线缝纫时，裁剪线则表示需添加的缝份宽度。

引导线： 又称辅助线，可表示中线、对折线等。

对位记号： 帮助缝合时对齐位置的线。

死褶： 为将平面的面料制成立体的服装，需进行折叠，形成不可展开的褶皱。

拼合： 标有拼合符号的辅助线两侧进行相同的裁剪，即另一侧的纸样与标有拼合符号的一侧相同。

经向： 表示面料经向的标记。

装饰褶： 表示网球裙之类的褶皱（百褶）折叠部分和方向的标记。在线与线之间画两条斜线，表示从高处往低处进行折叠。

抽褶： 表示抽褶的标记。用大针脚进行平针缝的时候，很容易制成抽褶。

纸样名称： 表示该纸样的信息，包括服装名称、尺寸、内/外标记、该纸样的名称（上衣F、上衣B、袖子等）。本书中的F表示前片，B表示后片。若有"×2"标记，则需将该纸样左右对称裁剪两片。

省略标记： 纸样太长时，可用省略标记表示省略重复的部分。两条波浪线之间的纸样是左右线条的延伸。出现省略标记时，不可照搬纸样，而应参考纸样上的尺寸（宽度 × 高度）进行省略部分的裁剪。

02 裁剪

娃衣制作基础课程

1. 将透写纸放在纸样上进行临摹，或者使用复印机，将纸样原样复制一份。
2. 参考布纹方向，把复制的纸样放在面料反面。
3. 用划粉笔画出完成线或裁剪线。熟练裁缝可把握缝份量，不用画完成线，仅有裁剪线也可凭感觉找到完成线的位置。若认为按照完成线进行制衣更重要，也可只画完成线，根据缝纫机压脚宽度适当剪出缝份。新手裁缝最好准备一张沿裁剪线剪好的纸样和一张沿完成线剪好的纸样，都标出完成线和裁剪线。
4. 在标注了引导线的纸样上标出中心线和对位标记。

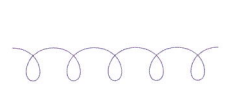

03 娃衣制作基础课程

基础缝纫术语

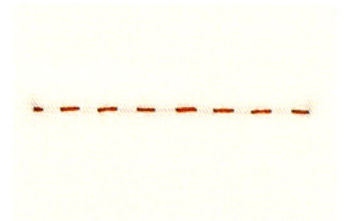

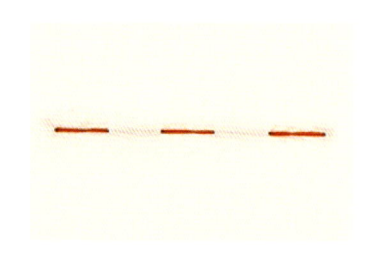

回针缝（back stitch）
布块拼接时常用的基础针法。回针沿完成线进行缝纫，针距为2~2.5mm，越牢固越好。

平针缝（running stitch）
连接两块衣料或制作抽褶时常用的基础针法。

疏缝
在正式缝合两块衣料之前，需用大针脚进行临时的疏缝固定。疏缝常用在难以插进珠针的位置，是用来防止两块衣料错位的最佳针法。

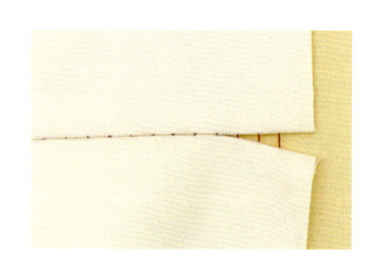

藏针缝
一种在表面不露出针迹的缝法，主要用于缝返口。

缝制按扣
按扣由一凹一凸两部分组合而成。先缝上凸起部分，把衣服穿在娃娃身上，再按下扣子，会在面料上留下一个痕迹，在此处缝制按扣的另一部分即可。为防止开关按扣时将扣子扯下，必须缝制牢固。

重点 缝明线
衣片缝起后，固定缝份或装饰成衣（主要是边线）时，需在表面缝出明线。因用于固定缝份或用于装饰，明线不在纸样上另外标注。要点是针迹整齐，而不是像回针缝一样牢固。

04 娃衣制作基础课程 — 处理面料的边缘

面料的边缘（底边或缝份）应该如何处理？
娃娃的体型小，底边和缝份在整件衣服上所占比例很大，也很显眼，将面料边缘处理干净非常重要。万一开线，面料会变得非常杂乱，甚至可能导致回针缝开线，因此仅做防止开线的处理也会提升衣服的完成度。可根据服装的设计或面料的材质来选择处理面料边缘的方法。

裁剪
在完成线外留出3~5mm的缝份，进行裁剪。若使用不易开线的面料，则进行从表面看不出来的内缝份处理即可。

涂抹锁边液
锁边液为液体，容易涂抹在面料上，凝固变硬后可防止开线，最适用于处理窄的缝份。为避免在面料表面留下污痕，应少量涂抹。

用花边剪刀进行裁剪
把面料边缘剪成△形状，也可以一定程度地防止开线，剪出曲线缝份的同时还能留下形状规则的剪刀痕，一举两得。

火烤（热处理）
涤纶面料在高温下熔化，冷却后变硬。先用火加热边缘至熔化，等到冷却变硬后就可防止开线。火烤法要根据面料特性使用，需注意，纯棉或真丝在高温下会变得焦黑，而不是熔化，不能用此方法处理。

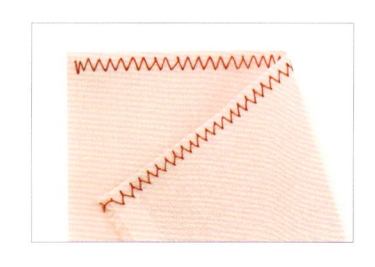

Z 字缝

在面料边缘缝制"Z"字形针迹,可以防止开线。需使用细线,针迹干净利落。

包缝

可以使用包缝机修剪面料边缘,同时缝线收边,防止开线。

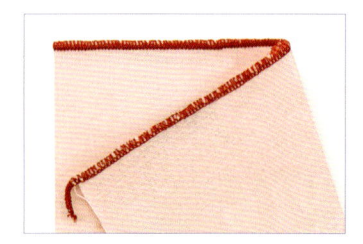

绷缝

也可使用比包缝更细密的绷缝法进行收边。一般用于手绢和鼠标垫的边缘。

单折滚边

沿完成线折一次缝份,缝明线。家庭缝纫和制作娃衣时,最常见的收边方法就是单折滚边。

双折滚边

折两次缝份,缝明线。一般很难将5~7mm的缝份折两次,所以使用此方法前应考虑折叠的宽度,缝份需留出10mm以上。这种方法是向内折叠的,所以不用担心开线,是制作裙子时常用收边方法。

斜纹包边

用其他面料包住边缘，进行缝制。家庭缝纫常用的斜纹布料一般叠为四层，但娃衣整体尺寸小，可叠为三层，或者使用很薄的斜纹面料。

内贴包边

与斜纹包边类似，但这种方法的斜纹面料折叠后缝制在衣料内部，表面上看不出斜纹面料。

使用黏合衬内贴包边

使用黏合衬进行内贴斜纹包边，此时可用热处理代替缝明线的步骤，表面不会留下针迹，收边干净利落。推荐使用丝绸黏合衬和雪纺黏合衬。

05 娃衣制作基础课程

带子和斜纹

制作带子

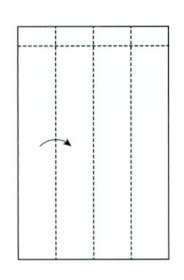

1 准备一块面料，宽度应为想制作的带子宽度的4倍。将面料四等分折叠，把最边缘的一份往中间折叠。

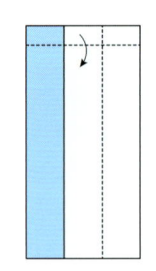

2 从上端折下5~7mm。

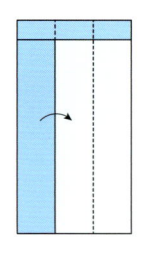

3 再沿着长边往中间折叠一次。

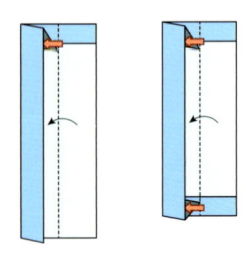

4 将面料往中间折叠，上端塞进另一侧的上端。熨烫后会更平整，也可涂抹少量专用胶水或黏合剂进行固定。若要完成带子另一端的收边，也要同样操作。

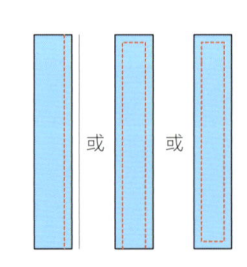

5 选择例图样式之一，在边缘缝明线。

制作斜纹面料

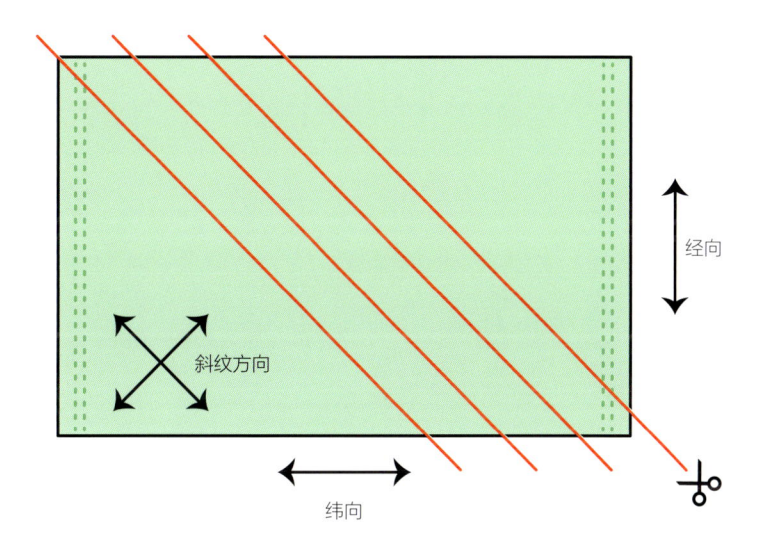

沿斜纹方向用力拉扯，机织面料也能有些许弹性。若要对曲线边缘进行包边，必须沿斜纹方向进行裁剪后使用，或直接使用有弹性的面料。包边对象边缘是直线或在面料不够要进行增补时，可沿经向进行裁剪。

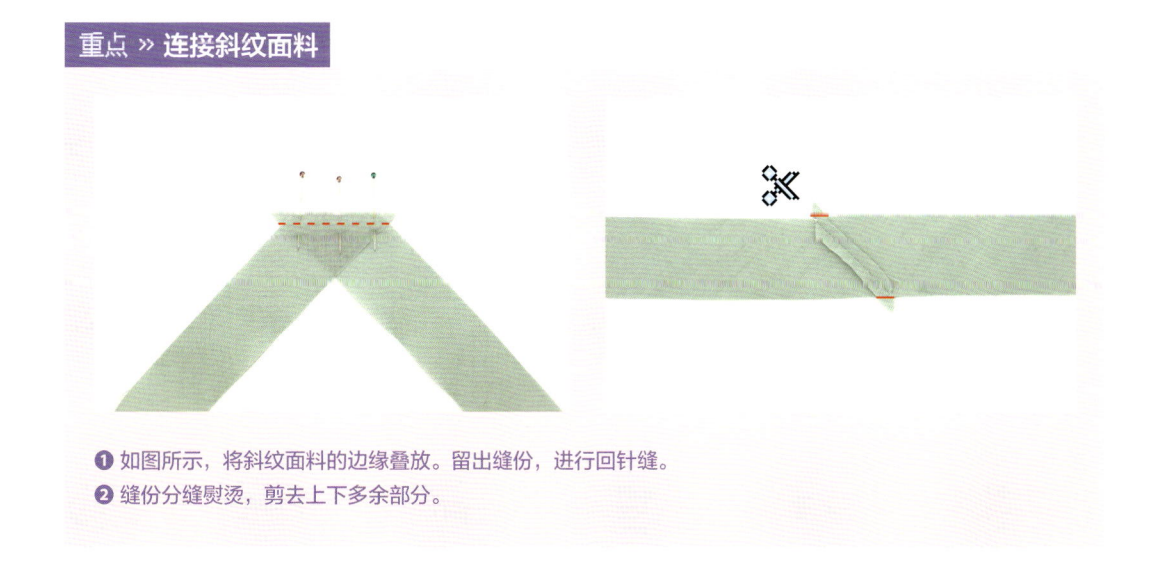

重点 » 连接斜纹面料

❶ 如图所示，将斜纹面料的边缘叠放。留出缝份，进行回针缝。
❷ 缝份分缝熨烫，剪去上下多余部分。

斜纹种类和用法

四折斜纹

三折斜纹

二折斜纹

+ 男式韩服、女式韩服的领子

+ 波奈特帽边缘，男式韩服、女式韩服的领沿

+ 圣诞套装的边缘毛毛

缝明线时为了减少漏缝背面的失误，可有效留长背面边缘。家庭缝纫中通常采用四折斜纹，但娃衣没那么厚，使用二折或三折的情况居多，此时为防止背面斜纹开线，需先进行一些防开线处理。

愉快地制作娃衣

❶ 从身边寻找材料。
使用不穿了的衣服或者去五元店里购买工具，改造为特殊材料。

❷ 练习手工缝纫。
娃衣尺寸小，手缝也能够胜任，但用缝纫机可节省大量时间。不过，缝纽扣和藏针缝时只能手缝，所以需要熟练掌握手工缝纫的技巧。

❸ 回针缝之前请再次确认过程无误。
拆掉缝错的回针需要很多时间，而且过程非常枯燥。重要的并非速度，而是不出错。

❹ 注意安全！
小心剪刀、针、熨斗等锋利工具和热源。

❺ 收尾时请尽可能仔细小心。
干净利落地熨烫、处理缝份，可以提升衣服的品质。

❻ 棉花娃娃适合一切衣服。
不要害怕失败，勇敢迈出第一步吧！不论什么样的衣服穿在棉花娃娃身上都很可爱。

NEW POST

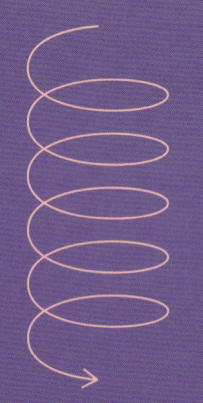

Part 3

新手也容易上手！基础单品

01

> 新手也容易上手！基础单品

圆领衫

可使用任意面料制作的基础服装，适合搭配外套或"分离式海军领"，背面做成魔术贴连接的形式。可制作多件不同颜色的圆领衫，当成服装搭配的基础单品。

准备材料

面料
表布：10 支斜纹拉绒布（藏青色）
　　　S: 1/32 码，L: 1/16 码
里布：40 支斜纹（藏青色）
　　　S: 1/32 码，L: 1/32 码

辅料
幅宽 2mm 丝绸带（白色）
　　S: 19cm，L: 22cm
幅宽 1cm 魔术贴（超薄缝纫型）
　　S: 4.5cm，L: 6.3cm

制作方法

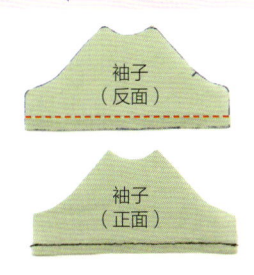

1 将[袖子]的袖口处沿完成线折叠，缝明线。若想在袖子上系丝带，可准备丝绸带子缝上去。

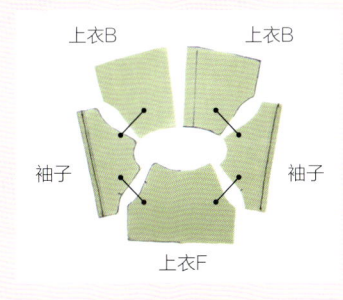

2 将[上衣]和[袖子]正面相对，使用回针缝连接在一起。

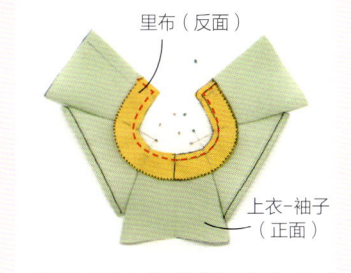

3 将[上衣-袖子]和[里布]正面相对，围着领口进行回针缝。

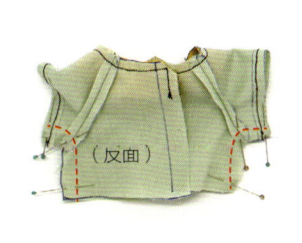

4 回针缝侧缝。

5 将袖子翻面，衣服的反面朝外。沿完成线将珠针插在粘贴部分和收边部分用以固定。

6 在边缘缝明线，安装魔术贴。

7 完成圆领衫。

02 裤子

> 新手也容易上手！基础单品

裤子可与多种服装搭配。可缩短裤长，变成过膝裤或用缝线添加细节，彰显棉花娃娃的个性。裤子是紧贴下身的服装，切忌使用容易掉色的面料！

准备材料

面料
水洗亚麻布（水洗蓝）
S: 1/32 码，L: 1/16 码

制作方法

1. 将面料沿完成线往里折，缝明线。

2. 将两片[裤片]面料正面相对，沿两侧完成线（前/后上裆线）进行回针缝。

3. 将缝份熨烫平整。

4. 沿腰部完成线缝明线。

5. 在下裆线处进行回针缝。

6. 下裆线处剪牙口。

7. 将布料翻过来，裤子制作完成。

03

> 新手也容易上手！基础单品

松紧裤

在"裤子"的腰部和裤脚放入松紧带，使之更有弹性。松紧裤非常适合臀部挺翘的棉花娃娃。技术核心是不将松紧带完全缝住，而是在面料上缝明线，抽拉松紧带缩短整体长度，可制作可爱的围脖或短裤。

准备材料

面料
针织汗布（奶油色）
S: 1/32 码，L: 1/16 码

辅料
幅宽 4mm 的松紧带
S: 21cm，L: 26cm

制作方法

1 将两片[裤片]正面相对，沿前上裆线进行回针缝。

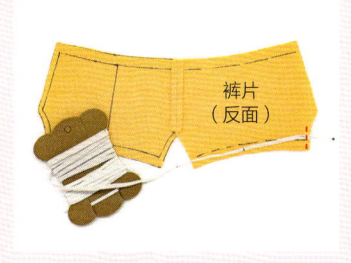

2 缝合缝份后，将裤片展开，将松紧带沿完成线放在裤片里面，再将其一端缝在裤脚的缝份处。

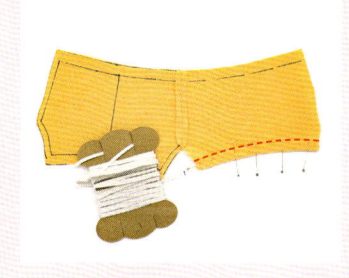

3 用裤脚布料包裹住松紧带，往上折起，缝明线。此时需要注意松紧带不能缝死。

4 将松紧带(S:5cm, L:6cm)拉到标记的位置，拉住，将另一端缝在面料上。

5 腰部也按相同步骤进行操作（松紧带为 S: 11cm, L: 14cm）。

6 这是所有松紧带固定后的样子。

7 将裤片的正面相对，缝好反面的上裆线。

8 分开缝份后，缝合下裆线。

9 将布料翻过来，松紧裤制作完成。

04 　新手也容易上手！基础单品

无袖连衣裙

只需改变面料材质和褶皱数量，就能设计出无数款连衣裙。不要害怕添加里布，为了展现利落的轮廓，添加里布反倒会让制作过程更顺利。

准备材料

面料
表布：40支人造棉布（浅米黄色）
　　　S: 41cm×12cm，L: 45cm×14cm
里布：60支平纹棉布（米白色）
　　　S: 1/32码，L: 1/32码

辅料
幅宽0.8cm 睫毛蕾丝（米白色）
　　　S: 42cm，L: 45cm
幅宽1cm 魔术贴（超薄缝纫型）
　　　S: 8cm，L: 9cm

制作方法

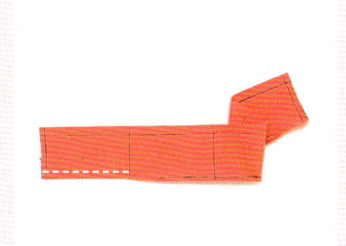

1 将[裙片]的裙边沿完成线叠好并缝明线，需要安装蕾丝时，先将蕾丝缝在裙边，再一起缝明线。

2 将[裙片]和[上衣]的连接处沿完成线上的缝份进行平针缝，或使用缝纫机的大针距车缝1~2行。此时不要进行倒缝，在两端留下足够长的线头。

3 拉线，形成褶皱。

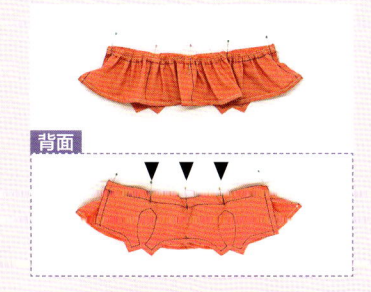

4 将[裙片]和[上衣]正面相对，沿对位记号进行疏缝。

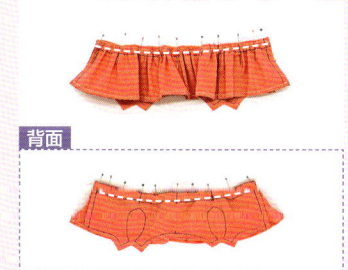

5 将褶皱打理好，再沿完成线进行回针缝，将[裙片]和[上衣]连接在一起。

6 将缝份倒向[上衣]一侧，留下合适的间距并剪下一部分。抽出刚才制作裙片褶皱的线。

7　将[上衣里布]的底边沿完成线折叠。

8　将[裙片-上衣]和[上衣里布]正面相对，进行回针缝。

9　剪开弧线部分，让衣服更好翻面。此时需注意不能剪到回针缝的部分。

10　将里布翻过来，调整好形状。在[裙片]的两端沿完成线缝明线。

11　使用藏针缝连接肩膀部分。

12　安装魔术贴。

13　无袖连衣裙制作完成。

o_x

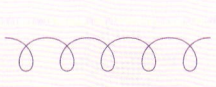

05 衬衫

新手也容易上手！基础单品

衬衫是一种基础服装，可使用不同材质的面料或加入不同的细节，而且在制作过程中能一次性掌握制作娃衣的所有必备技能。使用以直线为主的纸样，新手也能轻松制作。

> **准备材料**

面料
30 支平纹棉布（白色）
　S: 1/16 码，L: 1/16 码
条纹：60 支棉 2:3 竖条纹布（蓝色）

辅料
迷你纽扣（天蓝色）3~4 个
　S: 4mm，L: 5~6mm
幅宽 1cm 魔术贴（超薄缝纫型）
　S: 4.5cm，L: 5.2cm

> **制作方法**

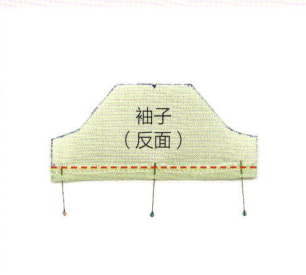

1 将[袖子]的袖口沿完成线折起，缝明线。

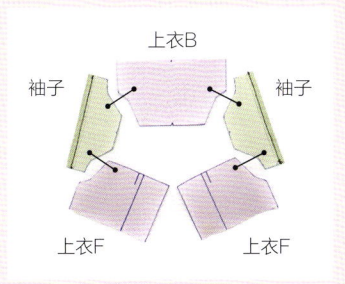

2 将[袖子]和[上衣]连接起来。

3 沿[袖子]和[上衣]的侧边线进行回针缝。

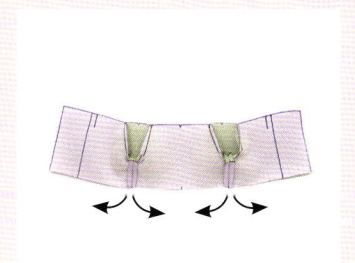

4 将侧缝的缝份分开。

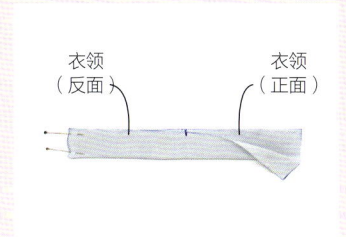

5 将[衣领]正面相对进行对折。

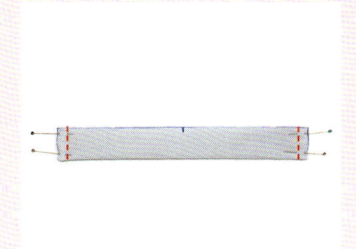

6 沿完成线进行回针缝。

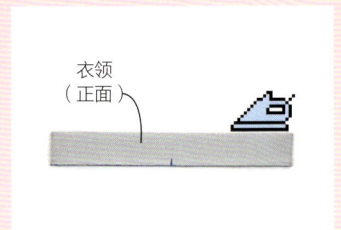

7 将[衣领]翻过来，用镊子或大眼针将边角处均匀展开。可对衣领进行熨烫，使其更加硬挺。

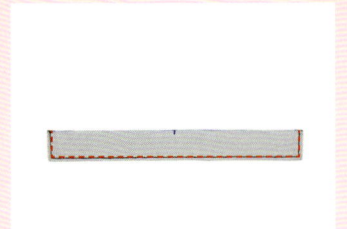

8 在边缘缝明线。此步骤可按需省略。

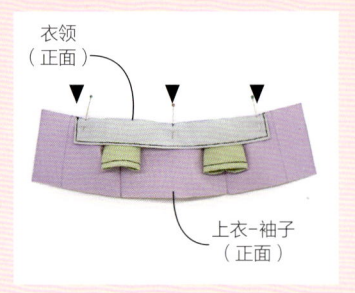

9 将[衣领]放在[上衣–袖子]上，使用珠针固定衣领的两侧和中心线。

10 其余部分也插上珠针。

11 处理[上衣F]的两侧边缘处，防止开线。

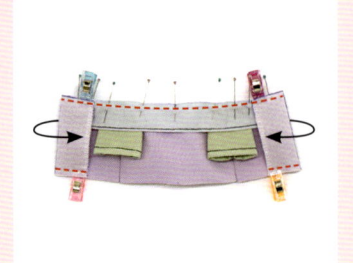

12 沿完成线折叠缝份，在盖住领子的状态下进行回针缝。

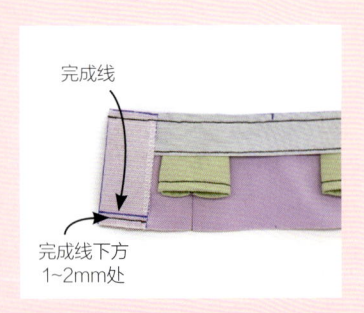

重点 [上衣F]底边的缝合，需要在完成线稍下方处（离面料边缘更近处）进行，会显得更加利落（减少缝份折叠部分的误差，回针缝在表面看起来就不会杂乱无章。并且因为留出了更多的长度，在下一阶段可以根据衬衫的底边进行修改）。

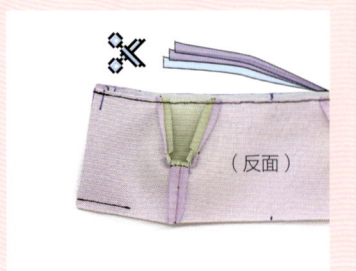

13 [上衣–袖子]和[衣领]的缝份太厚的话，衣领很难定型。只需留下最外面的一个缝份（衣领的外面），将里面的所有缝份都剪短。为防止裁剪部分开线，还要进行一些防脱线处理。

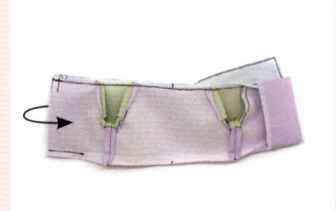

14 将底边沿完成线稍稍折叠，留下浅印进行标记。再将[衣领]翻至外面。

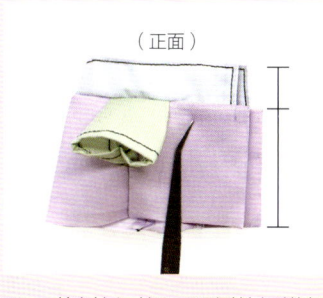

15 将衬衫对折，两侧的门襟部分应一样长。

16 在衬衫的边缘缝明线。

17 在门襟部分缝明线，将魔术贴安装至衬衫门襟上。

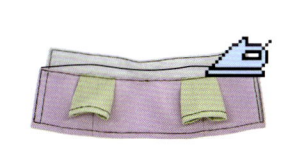

18 熨烫衣领。

19 熨烫完毕后的样子。

20 在门襟部分的正面安装纽扣。衬衫制作完成。

重点 》 熨烫衬衫衣领的方法

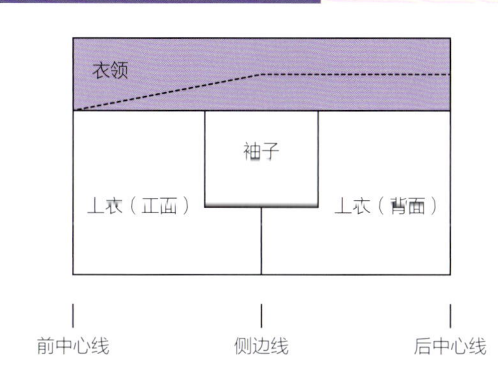

从上衣背面处开始对折衣领，从侧边线开始斜折，直至前中心线完全折下。
从正面看，衣领呈"V"字形时，即可进行熨烫。

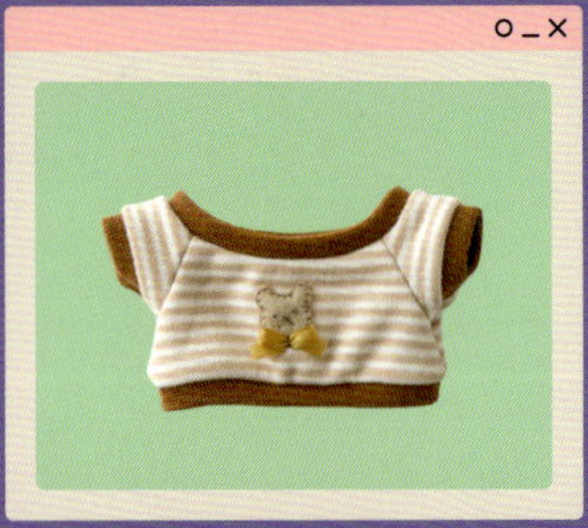
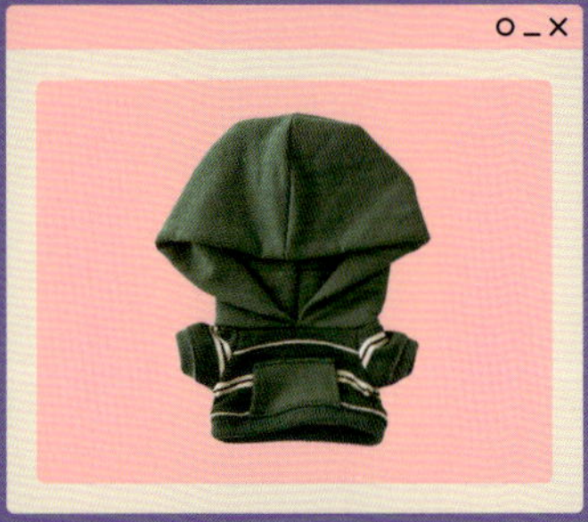
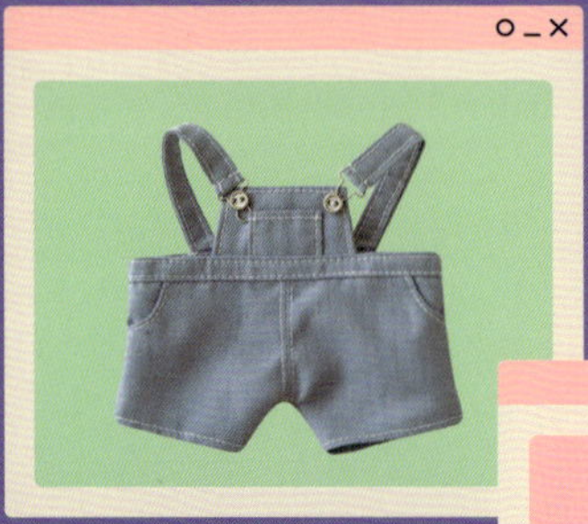
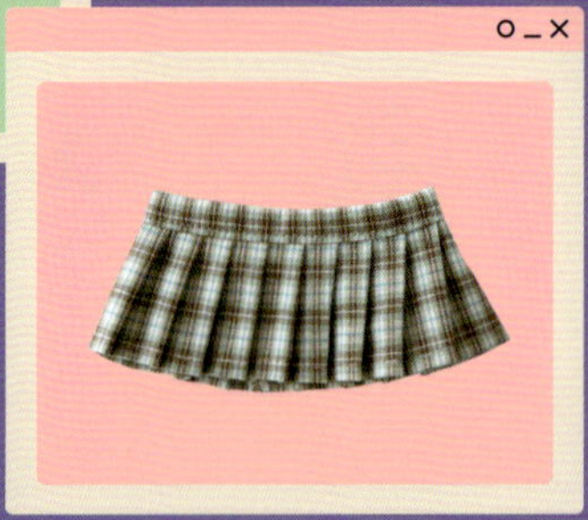
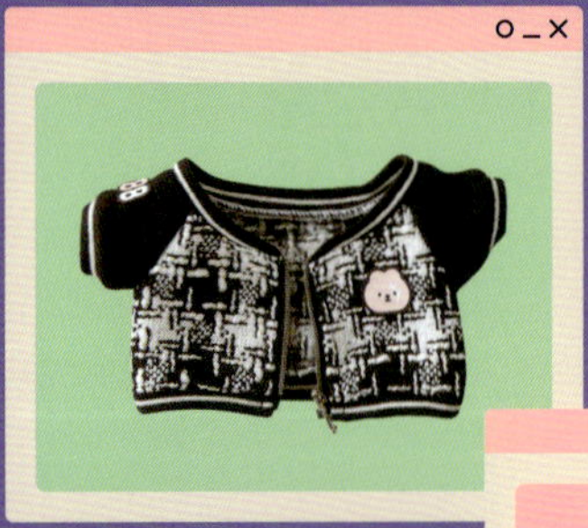
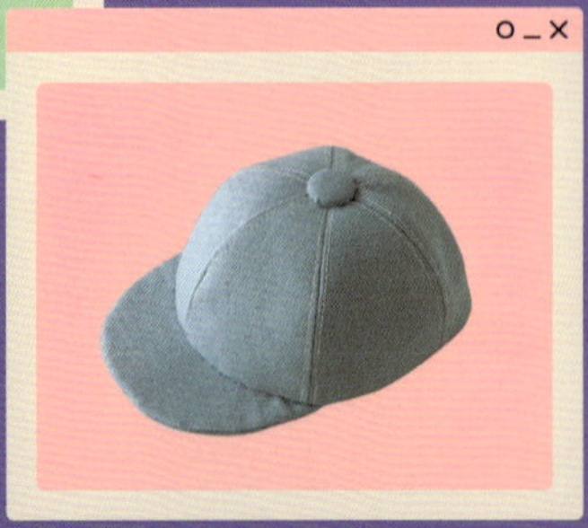

Part 4

棉花娃娃的日常穿搭

01 〔棉花娃娃的日常穿搭〕

圆领卫衣

适合日常穿搭的上衣,使用弹性面料(针织布)制作。若使用缝纫机,则可将针、压脚和线都换成针织专用的,便于制作娃衣。也可根据宽松圆领卫衣纸样制作更宽松的板型。

准备材料

面料
有机双面圆筒针织布 2mm 条纹 (棕色)
　S: 1/32 码，L: 1/16 码
米兰罗纹布 (棕色)
　S: 44cm×3cm，L: 50.6cm×3cm

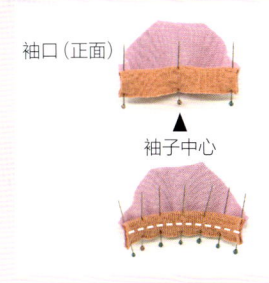

制作方法

1　将[袖口]沿宽的中心线对折，按照[袖子]的中心→两端→剩余部分的顺序拉伸，用珠针进行固定。沿完成线缝制。

2　缝份往内折，缝明线（可根据设计省略缝明线步骤）。

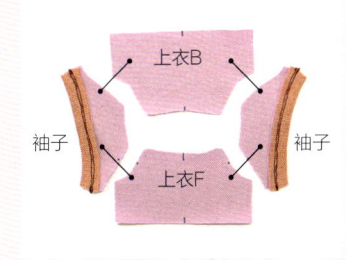

3　缝合[上衣B]和[袖子]。

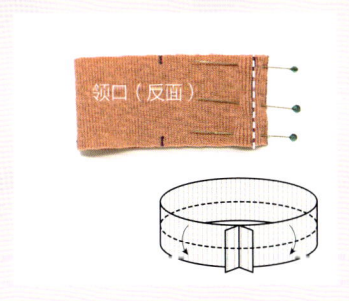

4　用同针缝将[领口]缝成圆筒状，再沿宽边中心线对折。

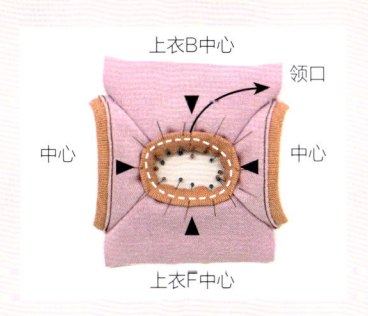

5　用珠针把[领口]固定在[上衣-袖子]的对位标记处，再进行缝合。此时领口的缝合线位于上衣B或袖子上。

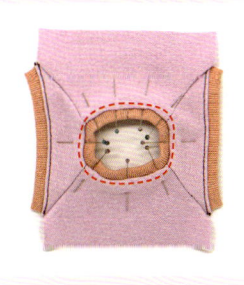

6　将缝份倒向衣身，缝明线（可根据设计省略缝明线步骤）。

7 沿侧边线进行回针缝。

8 将[收腰]按[领口]类似方式处理，进行回针缝，制成圆筒形，沿长边对折。

9 用珠针将[收腰]固定在[上衣]上，绕腰部一圈进行回针缝。

10 将缝份倒向衣身，缝明线（可根据设计省略缝明线步骤）。

11 圆领卫衣制作完成（上为收边处缝明线的版本，下为不在收边处缝明线的版本）。

重点 » 袖口缝制细节

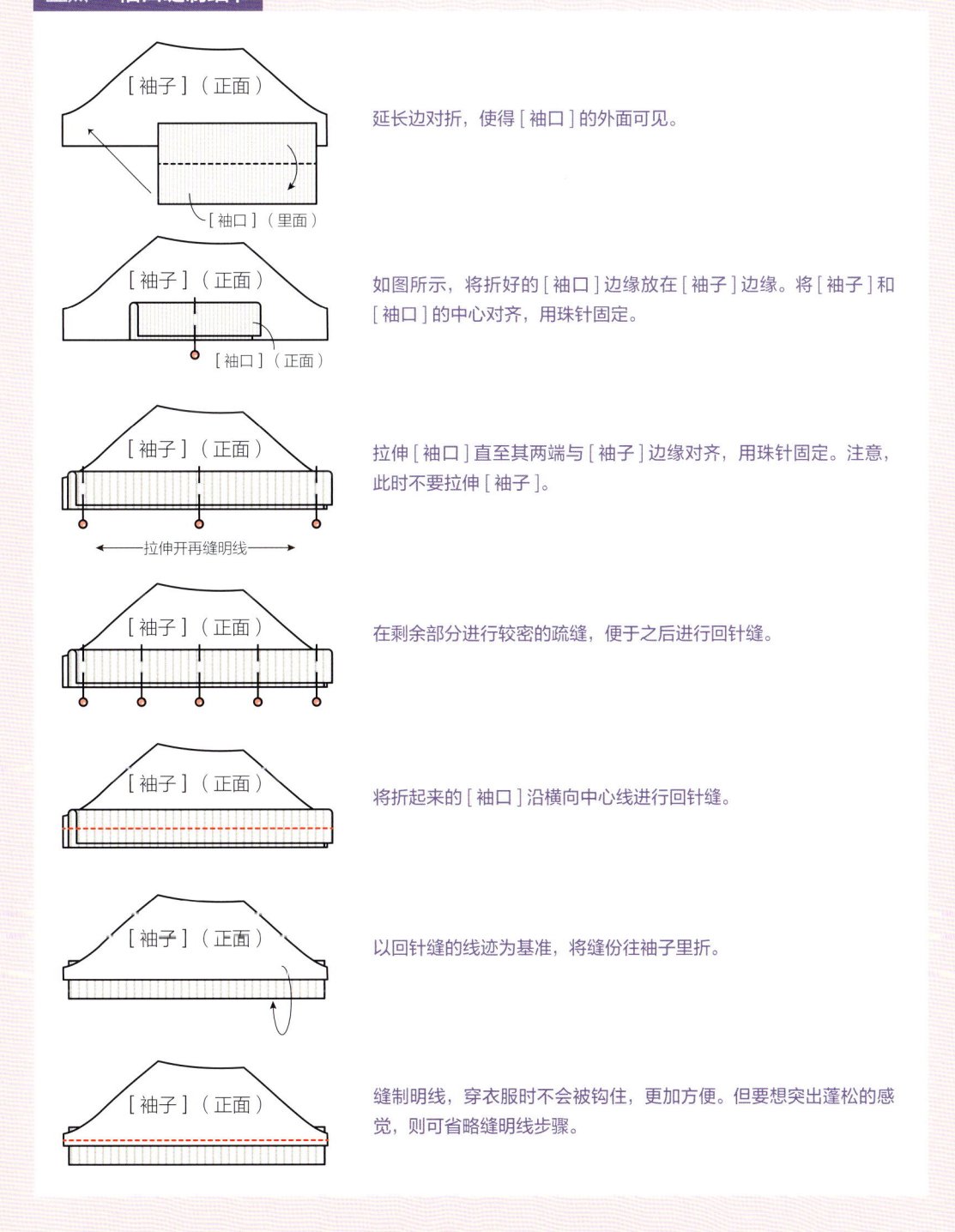

延长边对折，使得 [袖口] 的外面可见。

如图所示，将折好的 [袖口] 边缘放在 [袖子] 边缘。将 [袖子] 和 [袖口] 的中心对齐，用珠针固定。

拉伸 [袖口] 直至其两端与 [袖子] 边缘对齐，用珠针固定。注意，此时不要拉伸 [袖子]。

在剩余部分进行较密的疏缝，便于之后进行回针缝。

将折起来的 [袖口] 沿横向中心线进行回针缝。

以回针缝的线迹为基准，将缝份往袖子里折。

缝制明线，穿衣服时不会被钩住，更加方便。但要想突出蓬松的感觉，则可省略缝明线步骤。

02 | 棉花娃娃的日常穿搭

连帽卫衣

棉花娃娃的必备单品，衣服上的多种色彩可表现出独特个性。制作过程中要连接多层厚实的针织面料，必须集中精力。如果觉得连帽卫衣的帽子尺寸太大，也可以用装饰用帽子的纸样。

准备材料

面料

针织汗布（西瓜绿）
S: 1/8码，L: 1/8码

MVS 16支条纹针织布（绿白条）
S: 44cm×3cm，L: 50.6cm×3cm

30支棉布2×1罗纹（西瓜绿）
S: 29cm×3cm，L: 33.6cm×3cm

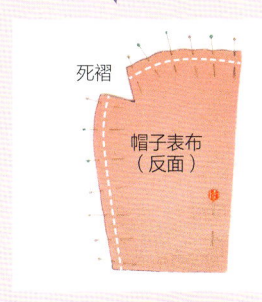

制作方法

1. 将两片[帽子表布]正面相对，进行回针缝，注意不要缝起死褶。

2. 如图所示，将死褶处折起，进行回针缝。

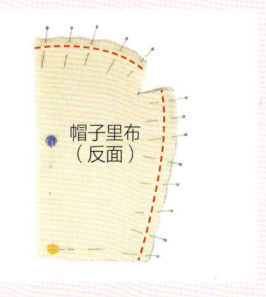

3. 以1~2同样的方式缝制[帽子里布]。

4. 将[帽子表布]和[帽子里布]正面相对，进行固定，再沿完成线进行回针缝。缝合帽子中心位置的死褶。

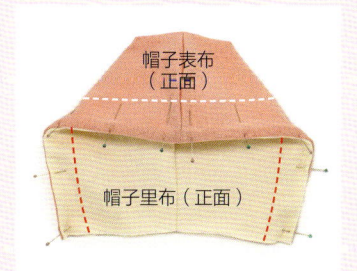

5. 将帽子翻过来，折出形状。边缘留出2~3cm的宽缝，往里缝明线（此步骤可按需省略）。

6. 与[上衣]进行连接时，需在完成线下方用大针脚对布料进行疏缝，以此将[帽子表布]和[帽子里布]严丝合缝地连接在一起。

7 将[口袋]两侧的入口沿完成线折叠并进行回针缝。

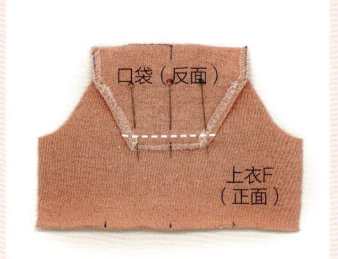

8 如图所示，在上衣前方稍微标记出口袋的位置，再沿完成线进行回针缝。

9 将口袋的侧边线沿完成线折叠。

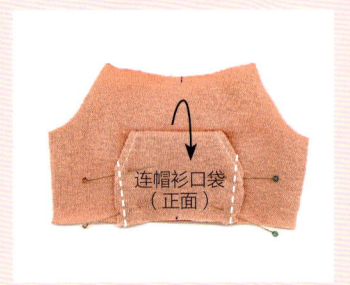

10 将布料下折，使口袋覆盖在表面，再沿侧边线进行回针缝。

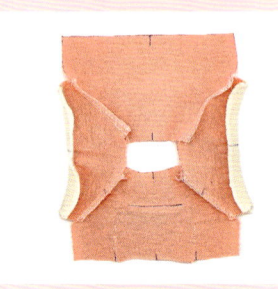

11 使用与"圆领卫衣"1~3相同的操作方法，将松紧口连在袖子上，再将上衣和袖子缝合。

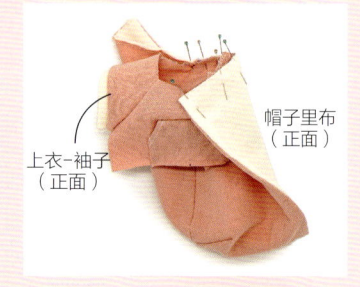

12 将[上衣－袖子]和[帽子里布]正面相对，使用珠针进行固定。与其勉勉强强地通过一次回针缝进行固定，不如像下图描述的一样，分几个区间进行缝合。首先要在[上衣]的前中心到后中心插上珠针。

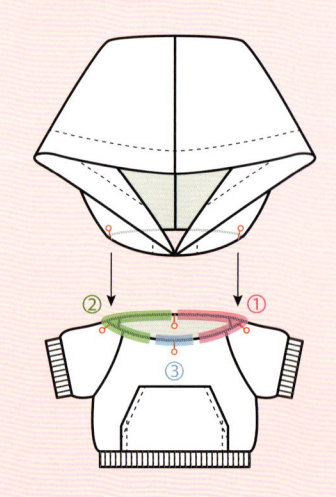

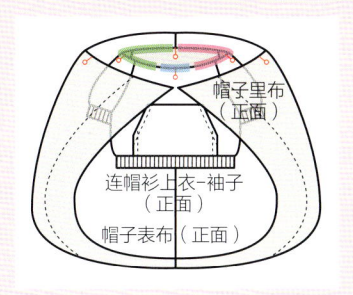

13 在领口前中心处留出1~2cm区间，从最后一个区间开始仔细固定帽子边缘和上衣边缘。或者先疏缝一圈，再进行回针缝。

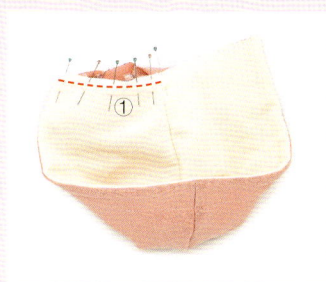

14 在①区间进行回针缝。

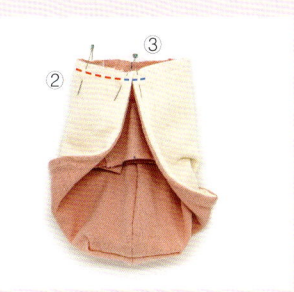

15 在②区间进行回针缝，要让帽子两端在前中心线上相遇，再沿完成线缝合最后的③区间。③区间是穿脱衣物时最容易被拉扯的地方，要缝得更牢固。

16 整理缝份。

17 沿侧边线进行回针缝，腰部松紧边的方法和"圆领卫衣"7~10相同。

18 连帽衫制作完成。

03 　棉花娃娃的日常穿搭

背带裤

这种裤子非常适合可爱的棉花娃娃。使用与面料颜色对比明显的线缝明线，成为非常帅气的装饰亮点。若想在背带裤里穿厚实的内搭，最好做成宽松的板型，或使用能够拉伸的面料。如果想像上图一样，在裤裆处缝明线装饰，则要使用切开版的纸样。

准备材料

面料
涤棉布（海螺蓝）
S: 1/16 码，L: 1/16 码

辅料
4mm 迷你纽扣（银色）2 个
1/6 娃娃用 9mm 金属搭扣 2 个

制作方法

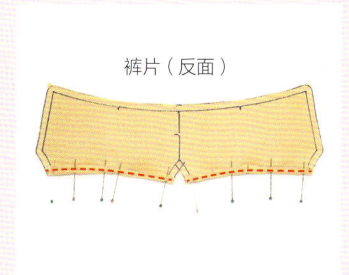

1　将[裤片]的底边沿完成线折叠，缝明线。

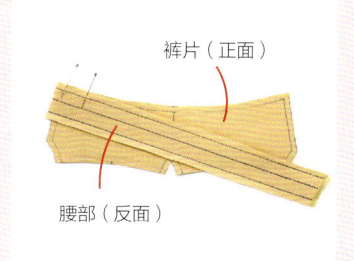

2　将[裤片]和[腰部]正面相对，沿连接线插入珠针，进行固定。

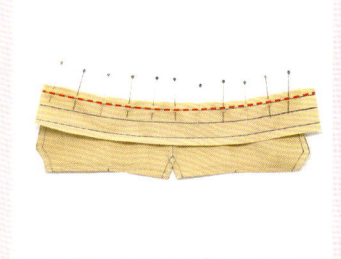

3　沿着纸样中标记出的[腰部]的ⓐ线进行回针缝。

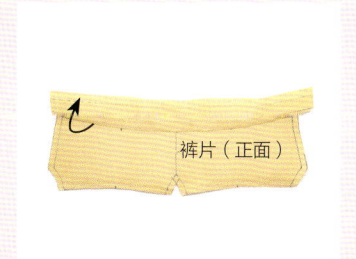

4　将[腰部]向上翻折，显露在外。

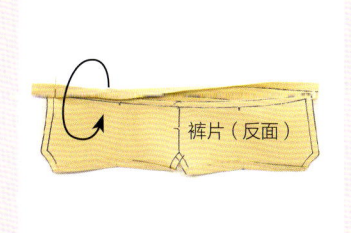

5　沿ⓑ线折叠，再在裤片里面沿ⓒ线折叠，进行疏缝。

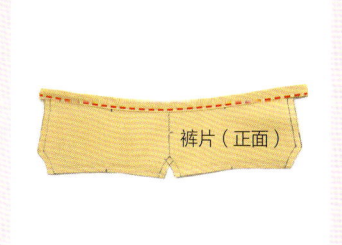

6　在裤片外面缝明线，固定内折的[腰部]。

7 将[口袋]的袋口部分向下折,缝明线。

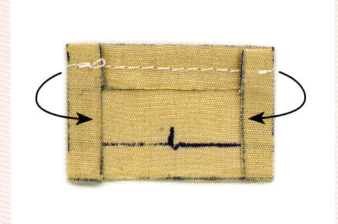

8 将两侧边线沿完成线折起。

9 将[上衣表布]和[口袋]下方的中心线对齐。在侧边缝明线,使上衣和口袋的外面都能露出。

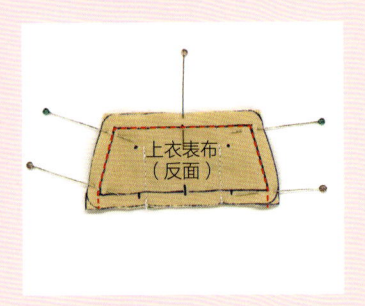

10 将[上衣表布]和[上衣里布]的正面相对,留出下面部分,在其他部分进行回针缝。

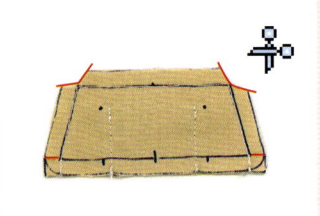

11 剪开边角处缝份,向里折。

12 沿边缘缝明线。若使用和面料颜色不同的线,可成为装饰亮点。

13 在[腰部]上侧缝明线时,要将[上衣]一起缝上,进行连接。

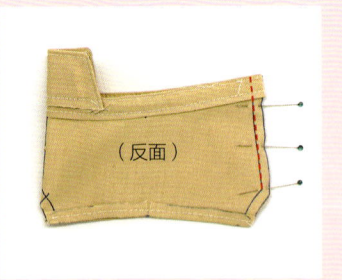

14 在背带裤背面的上裆线进行回针缝。

15 将缝份分开。

16 在下裆线进行回针缝。

17 剪开边角处,将裤子翻回正面。

18 制作2根背带绳(参考第50页),安装娃娃用背带辅料。可用魔术贴或按扣代替。

19 穿在娃娃身上,测量好背带长度,再将背带缝在裤子上,需缝明线。

20 背带裤制作完成。

04 棉花娃娃的日常穿搭

网球裙

网球裙适合日常穿搭或校服穿搭，端庄又不失活泼。每个褶皱都需折叠后熨烫定型，一定要选择经得起熨烫的面料。改变褶皱间隔，能做出不同形态的裙子。

准备材料

面料
30支色织方格棉布（薄荷色）
S:(腰部)16cm×2.4cm （裙片)32cm×4.7cm，L:(腰部)19cm×3cm （裙片)38cm×5.2cm

制作方法

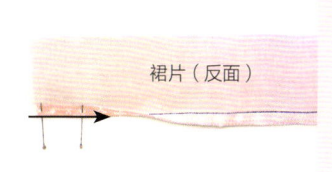

1 将[裙片]的下摆沿完成线折叠并缝明线。

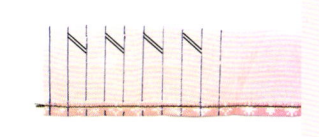

2 每隔1cm标记一个褶皱，进行折叠。若想改变褶皱数量，则可将内折的褶皱宽距增加，再裁剪面料。

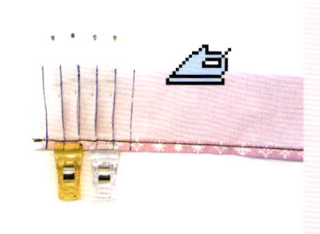

3 折叠褶皱，用熨斗烫平，固定形状。使用缩褶压脚能快速制作褶皱，但很难达到手工制作的效果。

4 将缝份部分进行疏缝，临时固定褶皱。

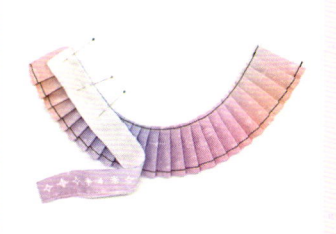

5 将[腰部]和[裙片]正面相对，缝明线。

6 沿完成线进行回针缝。

7 将[腰部]向上折起，露出表布。

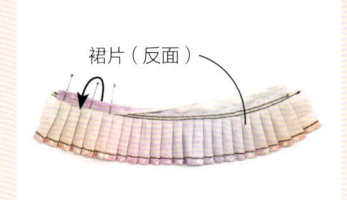

8 将[腰部]折起，在6的缝线上插上珠针固定。

裙片（反面）

9 在表面缝明线，使向内折的[腰部]固定。

10 处理两端，防止开线。

11 将两端正面相对，进行折叠，沿完成线进行回针缝。也可使用魔术贴或按扣代替回针缝。

12 熨开缝份。

13 网球裙制作完成。

重点 » 制作褶皱的方法

从斜线的高处往低处折叠。

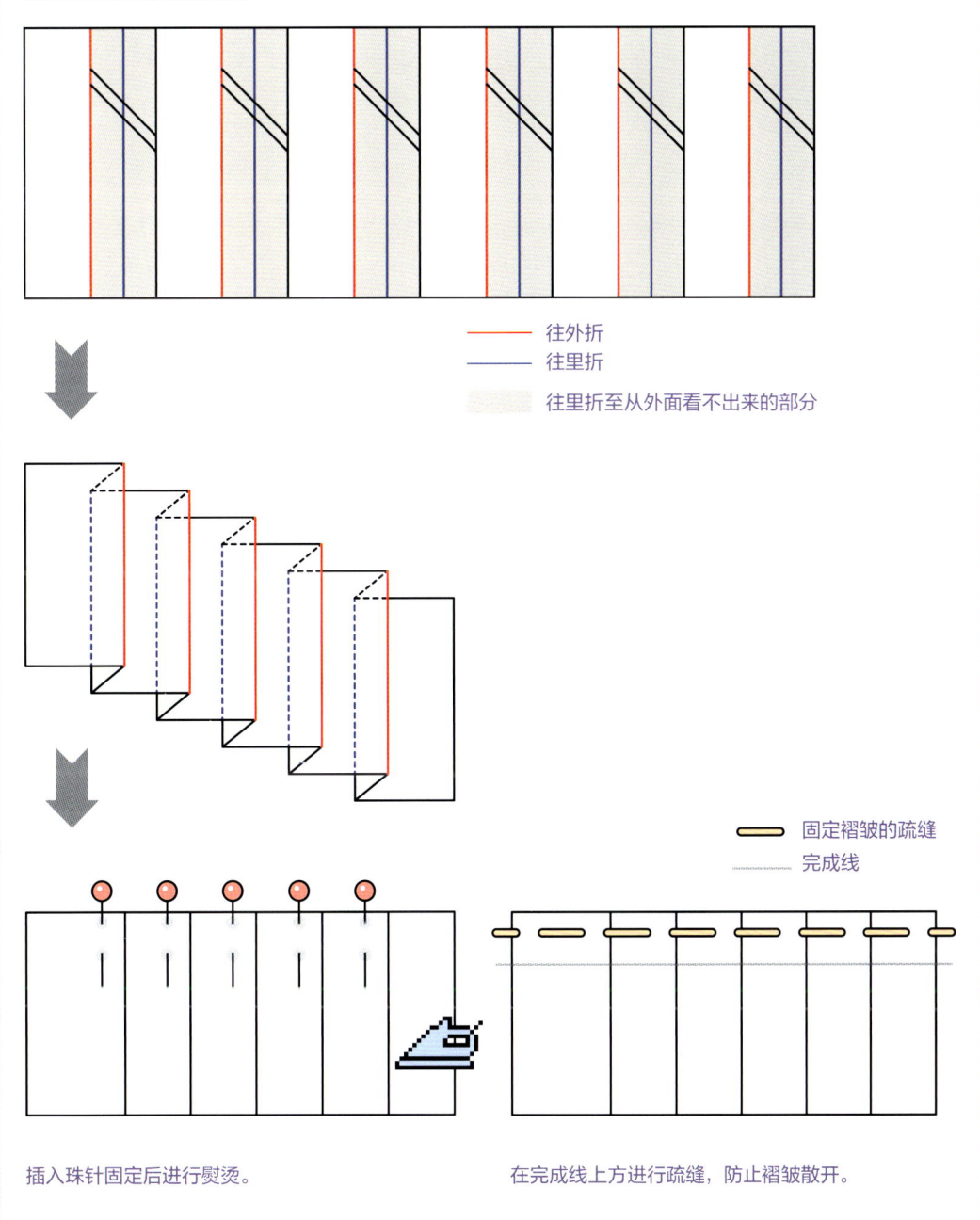

──── 往外折
──── 往里折
▨ 往里折至从外面看不出来的部分

━━ 固定褶皱的疏缝
┈┈ 完成线

插入珠针固定后进行熨烫。

在完成线上方进行疏缝，防止褶皱散开。

87

05

棉花娃娃的日常穿搭

棒球夹克

棒球夹克属于休闲外套，适配各种衣服，能用在多种搭配场景中。还可以尝试不同颜色的袖子配色，增加运动感。这件衣服没有里布，制作过程简单。如果没有合适的拉链，也可用按扣或魔术贴代替。

> 准备材料

面料
(上衣) 金属线粗呢
　　S: 1/32 码, L: 1/32 码
(袖子) 16 支弹力棉布（黑色）
　　S: 1/32 码, L: 1/32 码
(松紧口) 20 支条纹针织棉布（黑白条）
　　S: 45cm×3cm, L: 56cm×3cm

辅料
娃娃用迷你拉链
　　S: 6cm, L: 7cm

> 制作方法

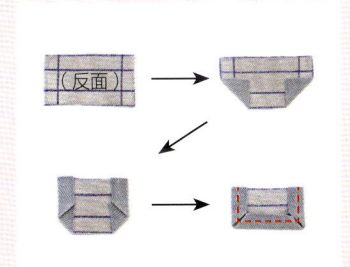

1 折叠[口袋]除袋口外的三条边，进行回针缝或用黏合剂固定。

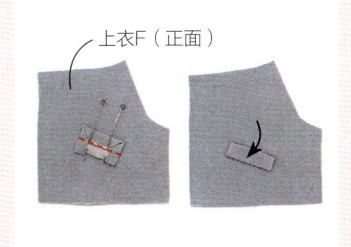

2 在[上衣F]正面浅浅标记出口袋位置。将口袋用回针缝缝在上衣上，再往底边方向折叠，使用藏针缝或用黏合剂固定。

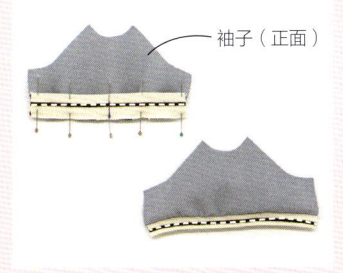

3 使用与制作圆领卫衣袖子的相同方法（参考第75页），将[袖口]与[袖子]连接起来。

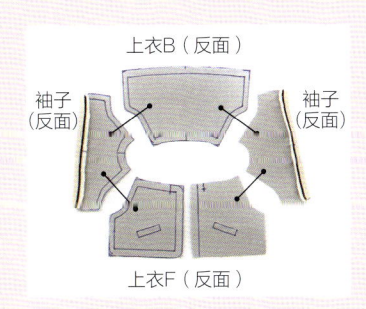

4 将[上衣F，上衣B]和[袖子]连接起来。

5 沿侧边线进行回针缝。

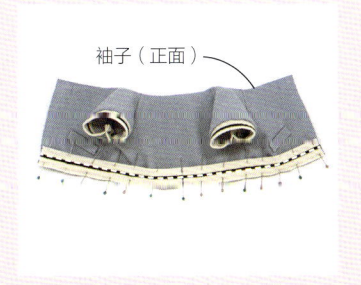

6 将[底边收口]和上衣底边进行连接。

7　将缝份上折到上衣里面，缝明线进行固定（也可以不缝明线）。

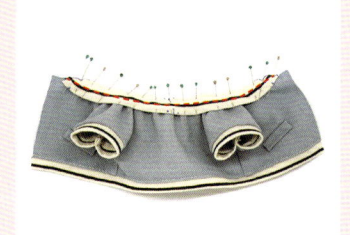

8　将[领口]和上衣领口线进行连接。

9　将缝份倒向衣身，缝明线进行固定（也可以不缝明线）。

10　准备一个开放型拉链，标记出需要的长度。

11　如图所示，在标记点的上方折出对角线。

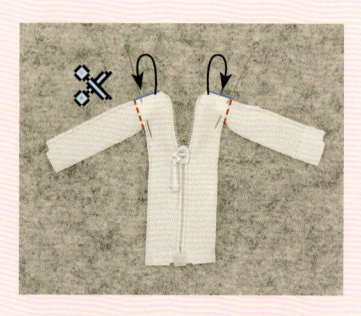

12　根据10中的标记点再折一次，用回针缝固定后，剪去多余部分。

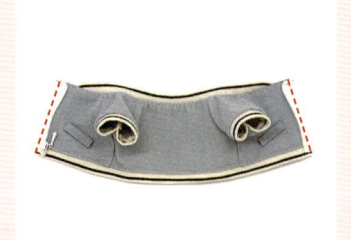

13　将拉链和上衣正面相对，进行回针缝。若使用缝纫机压脚进行固定，需注意安全，慢慢操作。

14　将缝份倒向衣身，缝明线固定。

15　棒球夹克制作完成。

o_x

06

棉花娃娃的日常穿搭

棒球帽

棒球帽非常适合淘气包属性的棉花娃娃,并且制作过程就像拼图一样有趣。黏合衬是用来给面料增添厚实感和立体感的材料,在制作娃衣时非常好用。

准备材料

面料
表布：水洗亚麻布（浅蓝色）
　　S: 1/8 码，L: 1/8 码
里布：亚麻棉混纺布（条纹）
　　S: 1/16 码，L: 1/16 码

辅料
包包黏合衬 3.5T
　　S: 1/16 码，L: 1/16 码
12mm 心形 T 恤纽扣 1 对
16mm 包布扣 1 个

制作方法

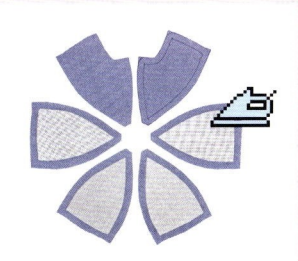

1 在 4 片 [棒球帽 F 表布] 里面贴上沿完成线剪下的黏合衬。为防止衬布黏合剂与熨斗黏合，先在衬布上垫一层薄布，再进行熨烫。

2 将 [棒球帽 F 表布] 和 [棒球帽 B 表布] 各自两两正面相对，进行回针缝。为避免将衬布缝上，缝线顶端只到完成线。

3 在缝份上剪牙口，分开缝份。在缝份上涂抹少量固定锁边液或普通胶水，再通过熨烫固定，会更加方便。

4 在连接线两侧缝明线。此步骤用于装饰，可省略。

5 将ⓐ和ⓑ正面相对，进行缝合。连接部分的处理步骤同 3、4。

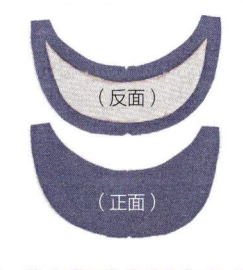

6 在 [帽舌] 中的一片上粘贴黏合衬。注意，黏合衬的尺寸要比帽舌边缘窄1mm，贴在正中间。若想让帽子更加结实，可以贴更多黏合衬。只有在下方的帽舌上粘贴芯纸，才能缝制出漂亮的帽子形状。

7 将2片[帽舌]正面相对后,沿外侧的完成线进行回针缝。

8 在帽舌的外侧剪牙口。

9 将帽舌翻至正面,在帽檐上缝明线,用于装饰。也可根据设计省略缝明线的步骤。进行熨烫可以打造出更加利落的形状。

10 将5的[棒球帽F表布]和[帽舌]正面相对、中心点对齐,进行连接。在[帽舌]的连接部分剪牙口,展开缝份的同时用珠针固定。

11 将缝份全部上折到[棒球帽F表布]里面。涂抹黏合剂或在表面缝明线,以固定缝份。

12 根据"制作带子的方法"(参考第50页)制作一条一边收尾的带子,作为[后带]。

13 将[棒球帽B表布]和[后带]正面相对,使用疏缝临时固定。

棒球帽F表布
棒球帽B表布

14 将[棒球帽F表布]和[棒球帽B表布]进行连接。缝份的处理和装饰用明线的缝法与 **3**、**4** 相同。

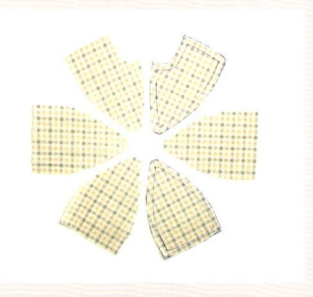

15 准备好里布,注意里布上不贴黏合衬。

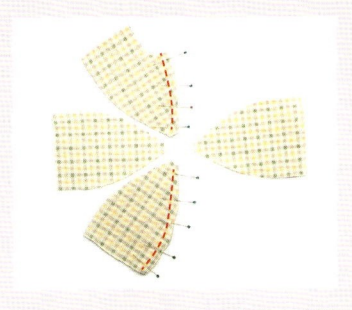

16 将[棒球帽F里布]和[棒球帽B里布]正面相对,用回针缝连接起来。

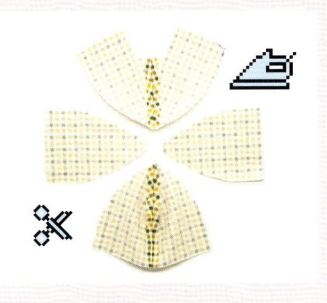

17 使用和3相同的方法固定缝份。缝明线步骤省略。

18 将剩余的[棒球帽F里布]各取一片,缝到已经连接的里布上。

19 图为连接完成的里布。

20 将两片连接完成的里布正面相对,叠放后进行连接。

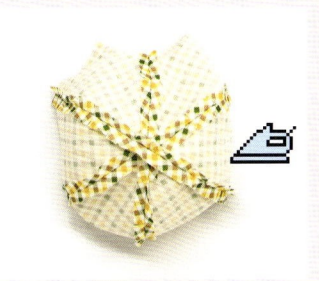

21 缝合缝份后,用熨斗熨烫固定。

22 将[棒球帽表布]和[棒球帽里布]正面相对,叠放后进行回针缝,注意不要缝合帽舌部分。

23 在帽子后部剪牙口,翻面。

24 熨烫后,将帽舌部分的里布整理好,使用藏针缝或者用面料用黏合剂封口。

95

25　在背面装上四合扣（按扣或魔术贴也可）。

26　准备包布扣和扣子直径两倍大小的圆形面料（包布扣可在五元店购买，也可用大小相近的普通纽扣代替）。

27　将面料边缘进行平针缝，再放入包布扣，拉线收拢。

28　将包布扣包裹住，进行固定。

29　使用胶枪或黏合剂，将包布扣粘贴在帽子上。棒球帽制作完成。

NEW POST

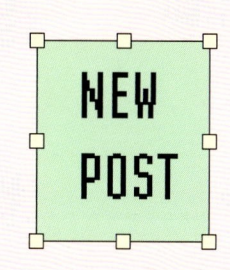

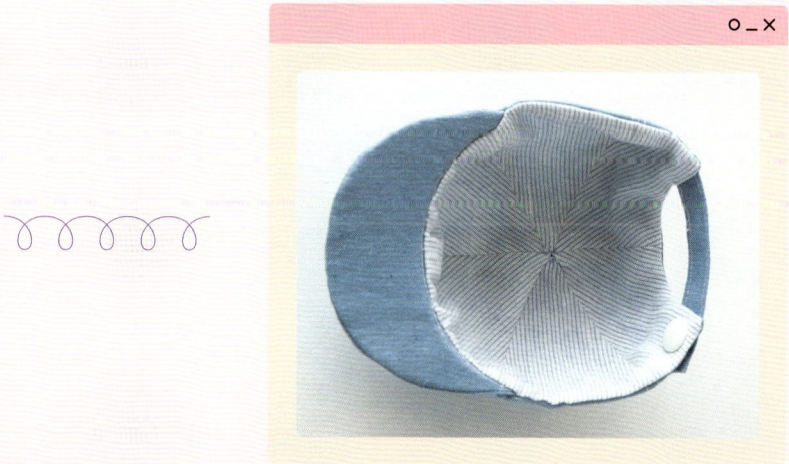

o_x

o_x

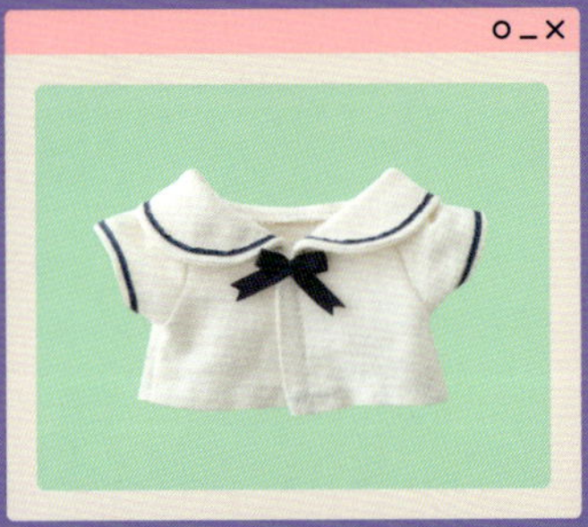
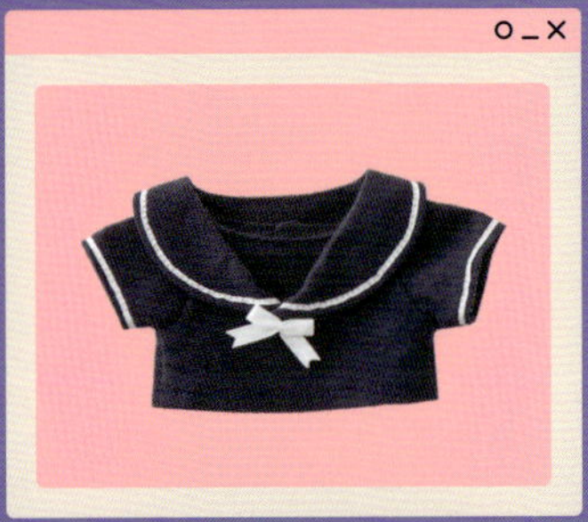
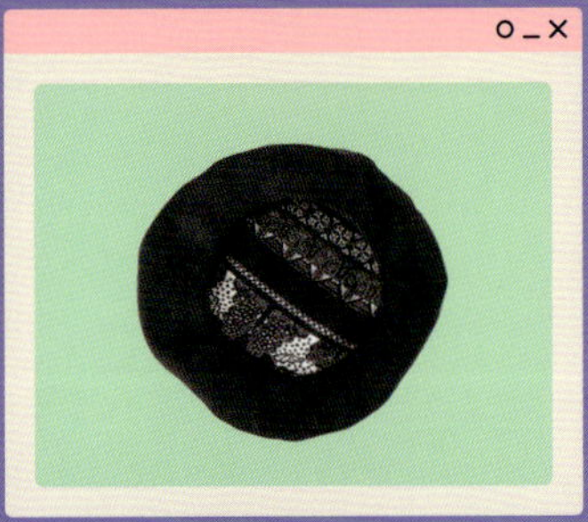
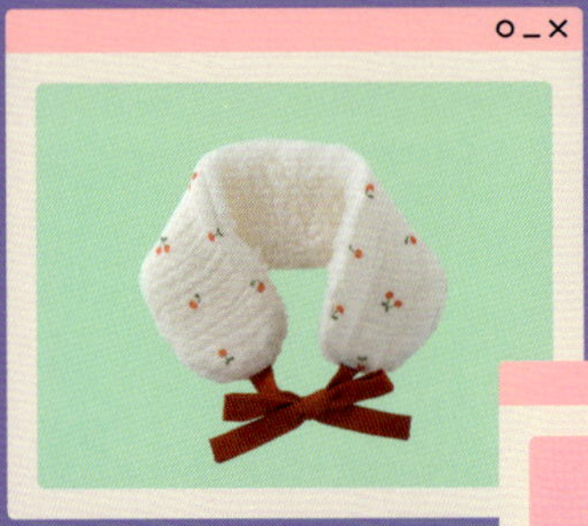
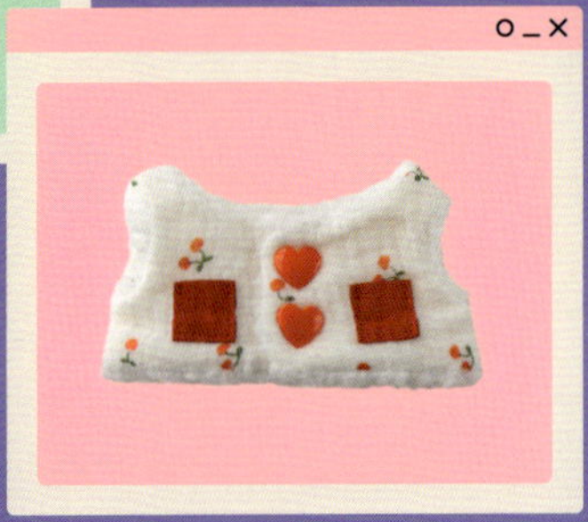
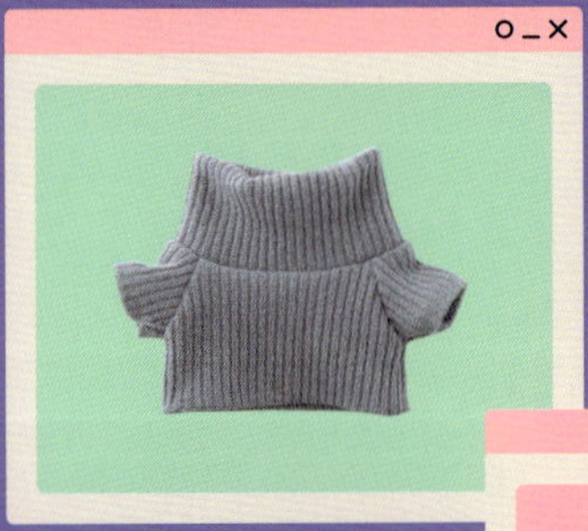
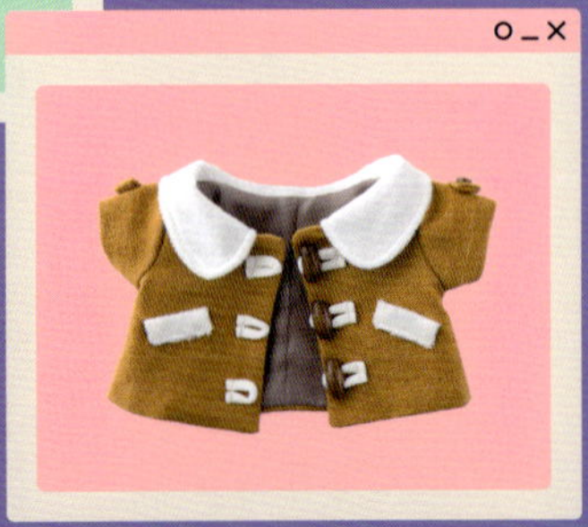

Part 5

棉花娃娃的四季造型

01 棉花娃娃的四季造型

水手服

水手服由"圆领 T 恤"变形而来，后襟改为前襟，再增加领子，就能得到水手服。整体来看，制作过程与"衬衫"相似，但曲线缝制较多，需要细心。稍微改变领子形状，就可以制作出各种各样的衣服。

重点 » 制作水手服的两种方法

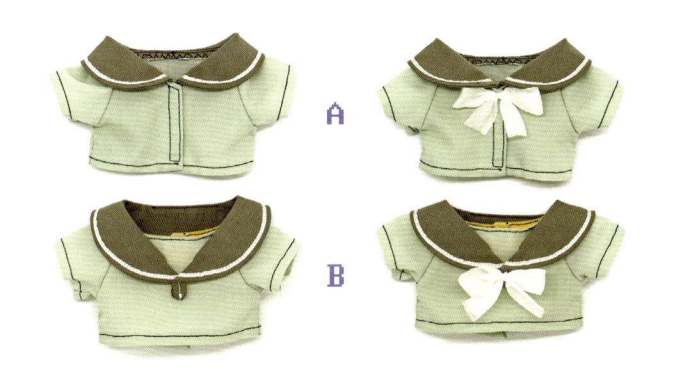

A 一体式水手服
领子与上衣相连，易于保管和穿脱，但前襟粘贴部分可能会影响美观。

B 圆领 T 恤 + 分离式海军领
这种领子是分离式的，可以与其他上衣搭配，但不方便保管，而且每次穿上后都要整理衣领，使其位于中心位置。

准备材料

面料
10 支斜纹拉绒布（浅米黄色）
S: 1/8 码，L: 1/8 码

辅料
幅宽 2mm 丝绸带子（深蓝色）
S: 领子 28cm/ 袖子 19cm
L: 领子 34cm/ 袖子 22cm
幅宽 6mm 双面哑光丝带（深蓝色）10cm
幅宽 1cm 魔术贴（扁长裁缝用）
S: 3.5cm，L: 4.5cm

制作方法

1 将两片 [海军领] 正面相对，叠放。避开和 [上衣] 的连接线，沿完成线进行回针缝。

2 在缝线外的曲线上剪牙口。

3 使用熨斗，烫出漂亮的弧度。

4 将丝绸带子放在海军领外面的边缘处，缝明线。此步骤可按需省略。

5 海军领制作完成。

6 将[袖子]沿底边的完成线折叠，进行回针缝。若要在袖子上加丝绸带子，需缝明线将丝绸带子缝在袖子上。

7 将[上衣]和[袖子]连接起来。

8 将[上衣-袖子]和[海军领]翻至外面，用珠针沿完成线固定。

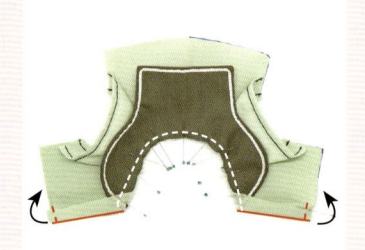

9 将[上衣F]门襟部分的缝份上折，使用珠针固定后，再将领围线和门襟沿下摆的完成线进行回针缝。

10 沿侧边线进行回针缝。

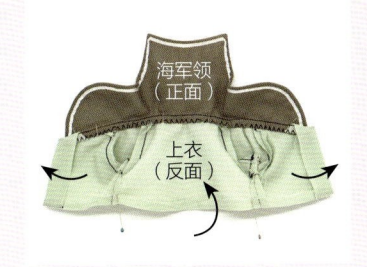

11 将对齐部分翻开,将[上衣]的底边沿完成线折叠。

12 将[上衣-袖子]和[海军领]的缝份倒向衣身。在外面缝明线,固定折起的底边和缝份。此时需要在门襟上缝上魔术贴。

13 水手服制作完成。

重点 加上丝带作为装饰会更可爱。

02 　棉花娃娃的四季造型

分离式海军领

从"水手服"中分离出的海军领。可用于制作简洁利落的水手服,也能与其他衣服或连衣裙搭配,组成多种多样的服饰。修改领子的正面形状,可以展现不同的氛围。

> **准备材料**

面料
10 支斜纹拉绒布（藏青色）
　S: 1/16 码，L: 1/16 码

辅料
幅宽 2mm 丝绸带子（白色）
　S: 33cm，L: 37cm
幅宽 6mm 双面哑光丝带（白色）10cm
5mm 按扣一对

> **制作方法**

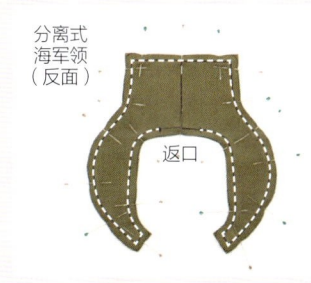

1 将两片[分离式海军领]正面相对，叠放好，在中心处留出大约 3cm 的返口，其余部分进行回针缝。

2 在曲线部分剪牙口。返口处的缝份不用剪。

3 通过返口将领子翻回正面，再用熨斗烫出形状。

4 将丝绸带子放在海军领正面的边缘处，缝明线。此步骤可按需省略。

5 对返口部分进行藏针缝或者在边缘处进行回针缝。由于这里是娃娃的脖子后部，被头发遮住，不显眼，因此也可以用缝纫机缝起。

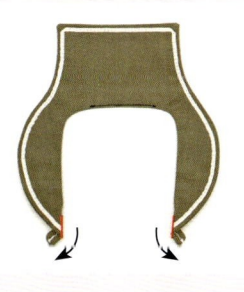

6 如图所示，将领子的两端折起。

7 缝2~3针，固定折叠起来的形状，再在两边装上按扣（在面料背面上缝扣子，避免从外部看到）。

8 分离式海军领制作完成。

重点 图为海军领和圆领T恤一起穿戴的样子。

9 在领子前面系上丝带，更加可爱。

o_x

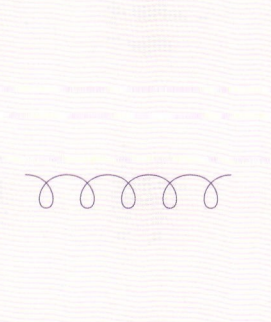

03 贝雷帽

棉花娃娃的四季造型

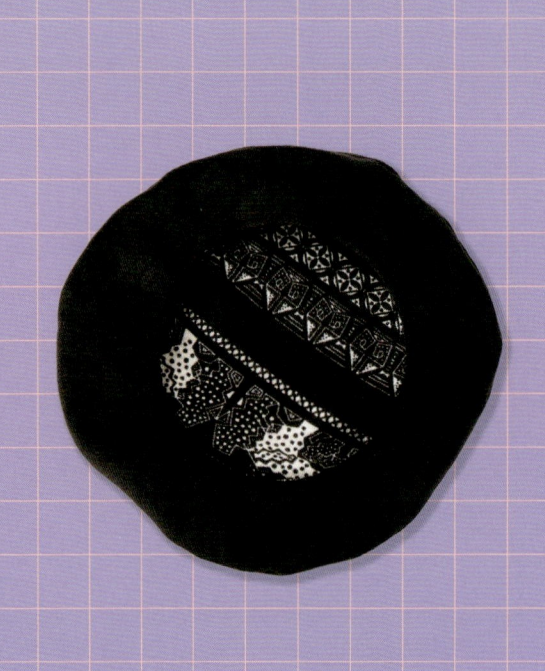

贝雷帽的形状是简单的圆形，缝制过程简单，并且正反两面均可穿戴。使用挺括的布料或者贴上黏合棉，能使成品更加结实。使用有弹性的面料或加入橡皮筋，能让头围大小不同的娃娃都能戴上这顶帽子。

准备材料

面料
表布：超细纤维布（黑色）
　　S: 1/8 码，L: 1/8 码
里布：20 支拉绒人造棉布（黑色）
　　S: 1/8 码，L: 1/8 码

制作方法

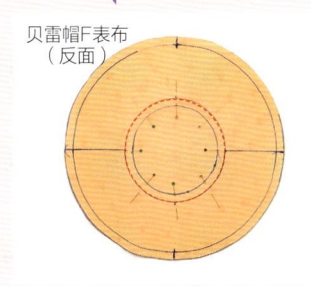

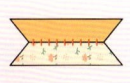

1 将[贝雷帽 F 表布]和[贝雷帽 F 里布]正面相对，叠放，在面料中间回针缝一个圆洞，注意，圆圈要能让娃娃头部塞进去。

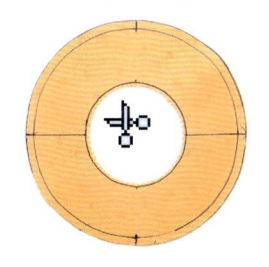

2 沿圆洞完成线剪开后，边缘剪牙口，方便面料翻面。

3 通过圆洞将面料翻过来，将里布和表布都翻回正面。

4 将[贝雷帽 F 里布]和[贝雷帽 B 里布]正面相对，叠放。

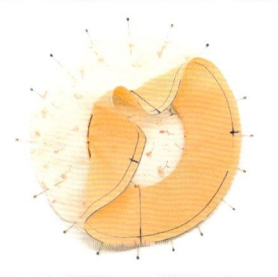

5 用珠针固定住面料边缘。抓住中间的圆洞，避免珠针插入[贝雷帽 F 表布]。

6 留下返口部分，沿完成线进行回针缝，将[贝雷帽 F 里布]和[贝雷帽 B 里布]连接起来。面料越厚，留出的返口应越大。

7 剪牙口。返口部分的缝份不用剪。

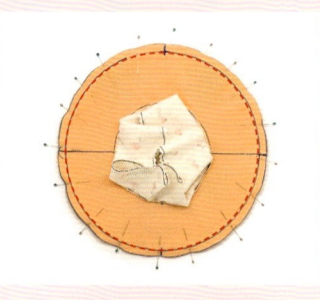

8 将叠起的[贝雷帽F表布]展开，与[贝雷帽B表布]正面相对，进行缝合，不要留下返口。注意，此时应将[贝雷帽里布]折进中心的圆洞处。

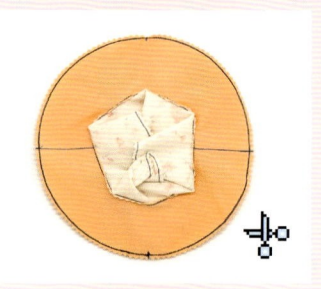

9 在外侧曲线上剪牙口。

10 通过返口将贝雷帽翻过来，再使用藏针缝或回针缝堵住返口。若使用藏针缝，帽子里面看起来也会很整洁，可以双面使用。

11 将里布收拾到帽子圆孔里，整理好形状，再进行熨烫。

12 贝雷帽制作完成。

o_x

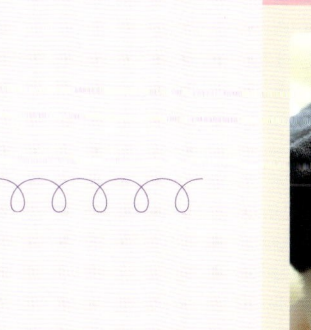

04

棉花娃娃的四季造型

双面毛背心 & 耳暖

耳暖

双面毛背心

双面毛背心

双面毛背心适合在冬季当作居家服。制作过程非常简单,还能两面穿。和耳暖一起穿戴时,能让棉花娃娃的可爱展现到极致。

准备材料

面料
表布:双层纱布(奶油白),涤棉布(红色)
 S:1/32 码,L:32cm×9.5cm
里布:单面羊羔绒(米白色)
 S:1/32 码,L:32cm×9.5cm

辅料
12mm 心形 T 恤纽扣(2 对)

制作方法

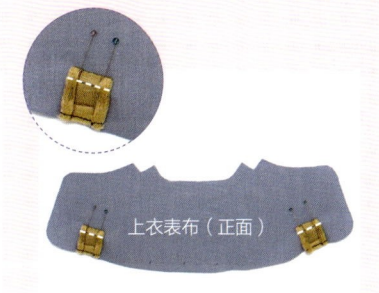

1 将[口袋]的袋口沿完成线叠起,缝明线。

2 口袋两侧也沿完成线叠起,进行疏缝或用布用黏合剂临时固定。

3 将[上衣表布]翻至外面,将[口袋]上面朝下,露出口袋里面,放在表布上。沿口袋下侧的完成线进行回针缝。

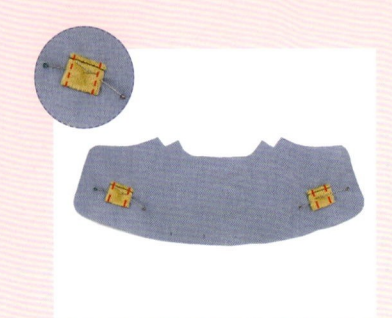

4 将口袋向上折，缝明线固定其两侧。

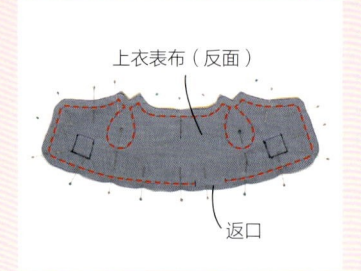

5 将[上衣表布]和[上衣里布]正面相对，沿完成线进行回针缝。注意留出返口，面料越厚，留出的返口越大。

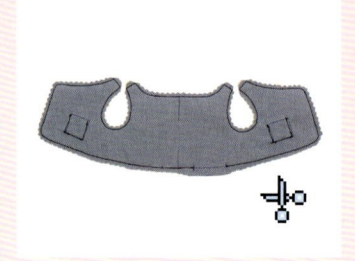

上衣表布（反面）
返口

6 在缝份上剪牙口。返口附近的缝份不用剪。

7 通过返口将面料翻至正面，整理好形状后进行熨烫。注意，毛面料会被高温烫坏，有的部分不能熨烫。

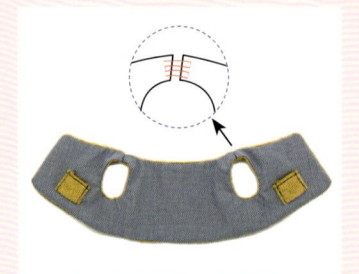

上衣表布（正面）

8 使用藏针缝连接肩线。

9 安装按扣、可视按扣（四合扣）、T恤纽扣等。双面毛背心制作完成。

耳暖

在寒冷天气中，耳暖能温暖地包裹棉花娃娃的耳朵和脸颊。和"双面毛背心"一样，耳暖也能两面穿戴，是一件使用率超高的时尚单品。通过调整宽度，用花边装饰，也能做成头饰。

准备材料

面料

表布：双层纱布（奶油白）
S：25cm×6cm，L：31cm×6cm

里布：单面羊羔绒（米白色）
S：25cm×6cm，L：31cm×6cm

绳子：涤棉（红色）
S：28cm×4cm，L：36cm×6cm

制作方法

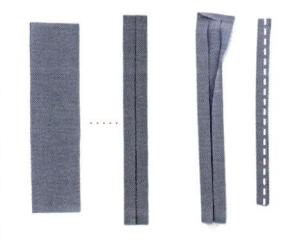

1 制作两根带子（参考第50页）。使用其他面料时，需将带子打结，调整至合适长度。

2 将带子放在[耳暖表布]正面，用珠针固定。注意，珠针的头要朝耳暖外。

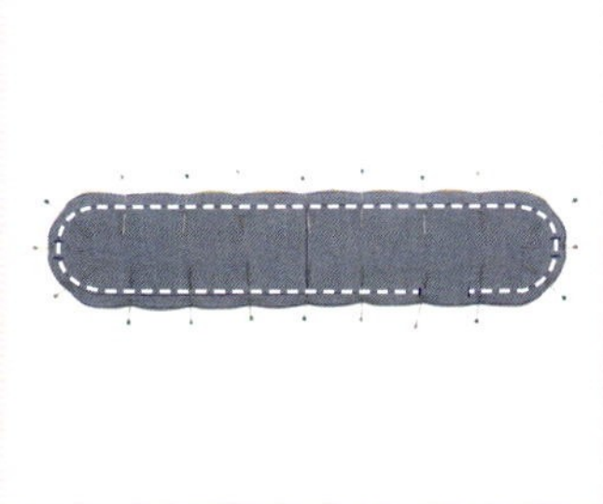

3 将[耳暖表布]和[耳暖里布]正面相对，留出3cm的返口，沿完成线进行回针缝。

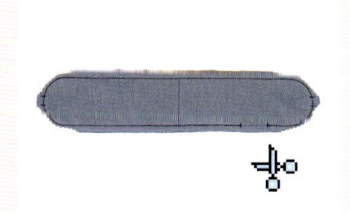

4 在缝份上剪牙口，返口附近的缝份不用剪开。通过返口将布料翻至正面。

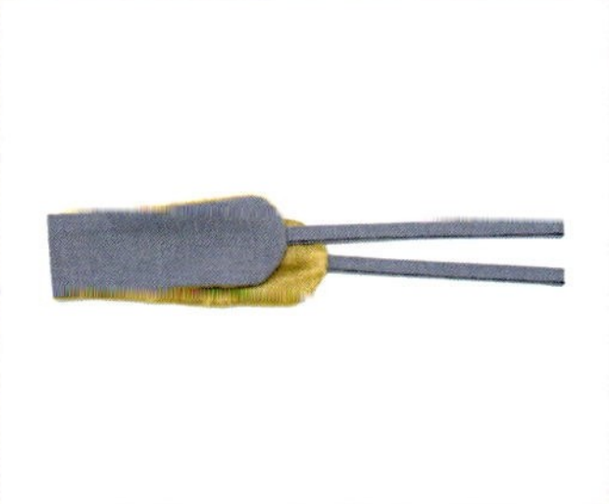

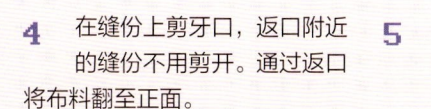

5 摆出漂亮的形状，用藏针缝缝起返口。

6 耳暖制作完成。

05 高领衫

棉花娃娃的四季造型

高领衫是非常适合冬季棉花娃娃的柔软衣服。若想将领子折起，最好选择薄且弹性好的面料。与外套搭配，完成有冬日氛围的穿搭。

准备材料

面料
腈纶混纺针织面料(灰色)
S: 1/16 码, L: 1/8 码

制作方法

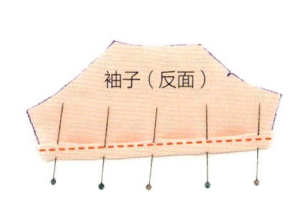

1. 将[袖子]的底边沿完成线折叠,缝明线。

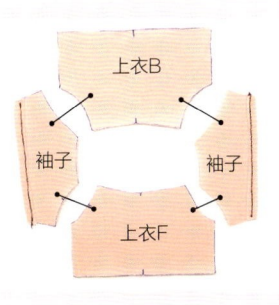

2. 将[上衣]和[袖子]连接起来。

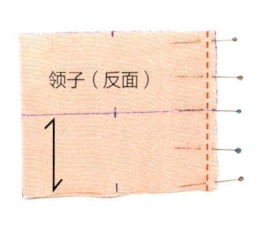

3. 将[领子]正面相对,叠起后再在边缘处进行回针缝,制成圆筒状。需缝合缝份。

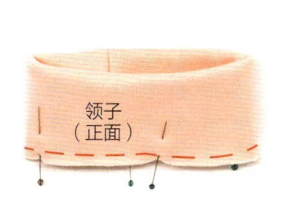

4. 将领子翻至正面,折叠一次。为避免弄乱叠起后的领子,可在领子下端的缝份处进行疏缝。

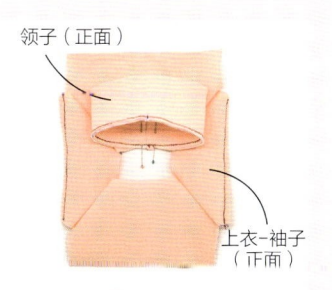

5. 将[领子]连接在[上衣-袖子]上。将领子的接口线对齐上衣的后中心线,用珠针固定。

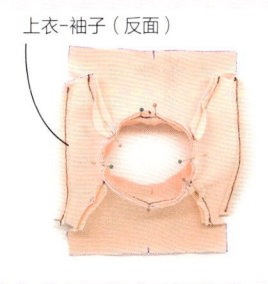

6. 对位点对齐,用珠针固定一圈,再进行回针缝。

7 沿侧边线进行回针缝。

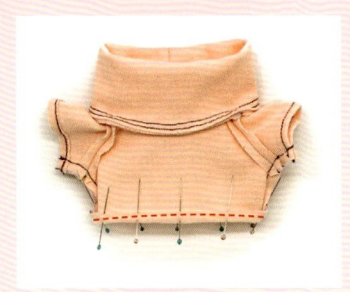

8 将上衣底边沿完成线上折，缝明线。

9 高领衫制作完成。

重点 将领子折起后再拍照，更可爱。

o_x

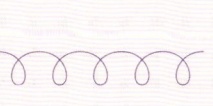

06

棉花娃娃的四季造型

大衣

大衣是细节满满的冬装。相较于人类服饰用的冬季面料，更推荐给娃衣选用拉绒棉、单面羊羔绒面料，以完成漂亮的大衣板型。袖子里也有里布，整件衣服的设计干净利落。连接表布和里布的过程可能有些难度，最好先缝制其他衣服再来挑战这件大衣。

准备材料

面料
超细纤维布（米白色）
　S: 1/32 码，L: 1/32 码
表布：20 支拉绒人造棉（蜂蜜芥末黄）
　S: 1/16 码，L: 1/8 码
里布：塔夫绸（摩卡灰）
　S: 1/16 码，L: 1/8 码

辅料
4mm 迷你扣子（棕色）2 个
娃娃用迷你大衣扣子（棕色）3 个
口罩松紧带（白色）24cm

制作方法

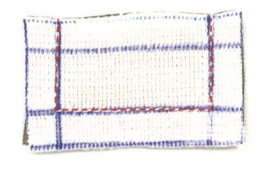

1　将 [口袋表布] 和 [口袋里布] 正面相对，在除了上侧的其他三侧沿完成线回针缝。

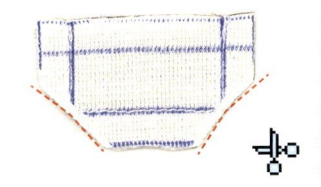

2　整理好形状，剪掉下方的棱角。

3　将面料翻至正面，整理好形状。

4　在 [上衣 F 表布] 的正面稍稍标记出缝口袋的位置，再将 [口袋] 的正面与其相对，线疏缝再回针缝。

5　将 [口袋] 下折，缝明线固定。

6　制作一条一边收边的 [装饰带]（参考第 50 页），在边缘缝明线。

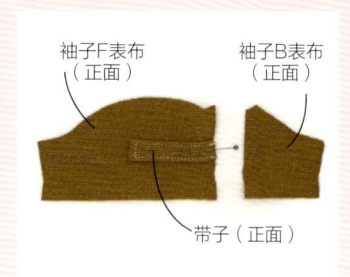

袖子F表布（正面）　袖子B表布（正面）
带子（正面）

袖子B表布（反面）

7 将装饰带翻起，使其露在[袖子F表布]正面，进行疏缝。

8 将[袖子F表布]和[袖子B表布]正面相对，沿连接线进行回针缝。

9 在连接线侧面缝明线，再在装饰带一端缝上纽扣。注意，袖片缝合之后会弯曲有弧度，装饰带中间也应该稍稍鼓起一个弧度，再用纽扣固定。

10 在袖山区间的缝份进行平针缝，制出褶皱。

11 将[后过肩表布]和[后过肩里布]正面相对，沿底边的完成线进行回针缝。

后过肩表布（反面）

12 将底边的缝份整理好，再剪牙口。

后过肩表布（正面）

13 将衣料翻至正面，在正面缝明线。

上衣B表布（反面）

14 将两片[上衣B表布]的正面相对，沿完成线进行回针缝。

上衣B表布（正面）

15 缝合缝份，再缝明线。

16 将[后过肩]叠放在[上衣B表布]上。保持衣料正面朝上的状态,再用疏缝临时固定。

17 将[上衣F表布]和[后过肩](与[上衣B]叠放的状态)正面相对,叠放后沿肩线进行回针缝。

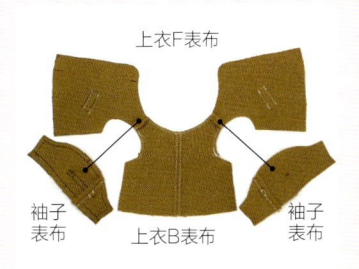

18 将[上衣表布]和[袖子表布]缝合。

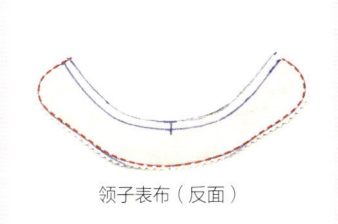

19 将[领子表布]和[领子里布]正面相对,在颈部连接线之外的区间进行回针缝。在曲线部分剪牙口。

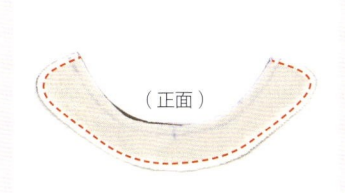

20 将衣料翻至正面,在边缘处缝明线。

21 将[领子]叠放在[上衣-袖子]上。将两片衣料的正面朝上,将珠针插在连接线上,临时固定。

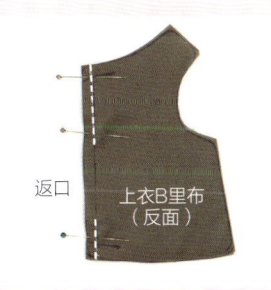

22 将两片[上衣B里布]的正面相对,叠放起来。在中间留出约5cm的返口,沿完成线进行回针缝。

23 在不缝合缝份的状态下将衣料展开。

24 将[上衣B里布]和[上衣F里布]的正面相对,缝合肩线。

123

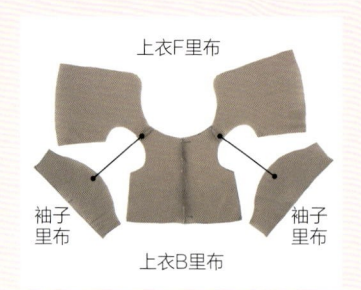

25 将[上衣里布]和[袖子里布]连接起来。在[袖子里布]的袖山上进行平针缝并制出褶皱的话,回针缝的步骤会更顺利。

26 将[表布]和[里布]的正面相对,叠放起来。只在固定了[领子]的领围线处缝回针缝。

27 将[袖子表布]和[袖子里布]的正面相对,叠放起来,用回针缝进行连接。

28 将上身前片放入袖子里布和表布连接后形成的通道中。用钳子轻轻拉拽,避免损伤里布。

29 整理好衣料形状,使衣料正面朝上。

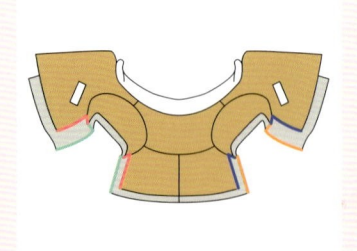

重点 用回针缝连接同种颜色标记的线。

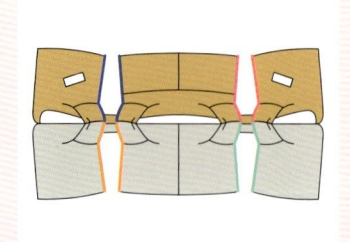

重点 正面相对,折叠后进行疏缝。

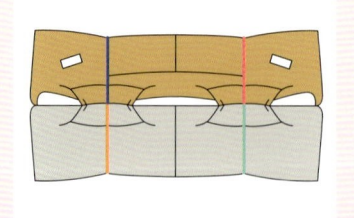

重点 侧缝回针缝后的样子。

30 表布和表布相对,里布和里布相对,用疏缝固定侧缝,缝合。

31 目前的正面状态。里布和表布的底边相对，折叠起来。

32 除了已经缝合的领围线，其他边缘部分都要用回针缝进行固定。袖子和领子的弧度会让衣料会起皱，过程中需要注意压平衣料。

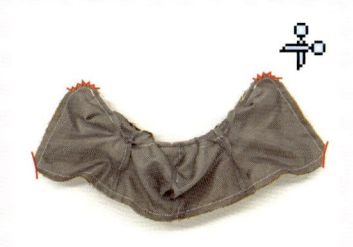

33 在棱角部分剪牙口。

34 通过［上衣B里布］中心处的返口，将衣料翻至正面。

35 使用藏针缝缝合返口。

36 将娃衣用大衣纽扣穿进口罩松紧带中。

37 将纽扣安装在大衣前面。也可以用按扣或魔术贴代替。

38 大衣背面的样子。

39 大衣制作完成。

125

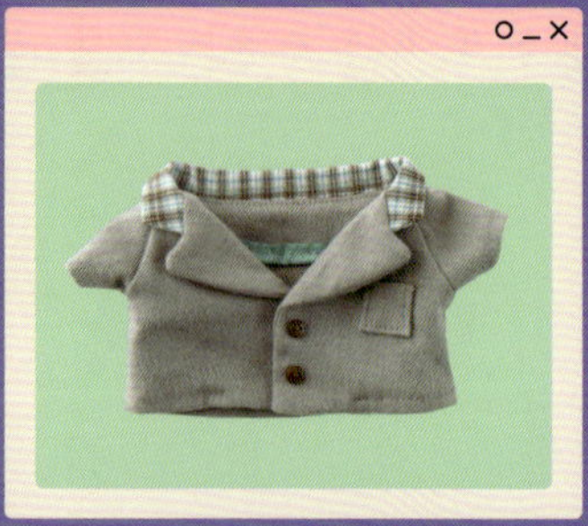
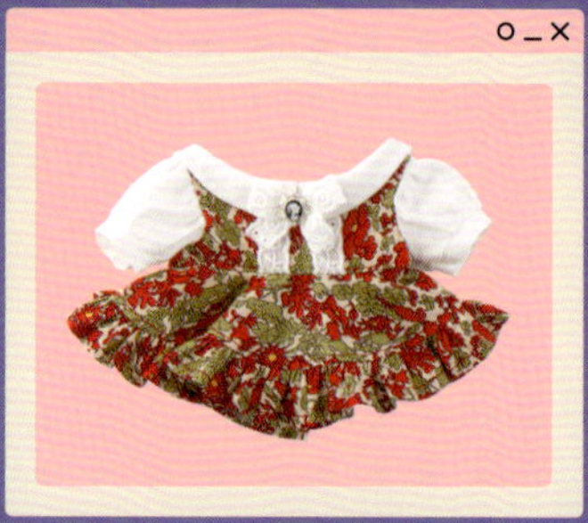
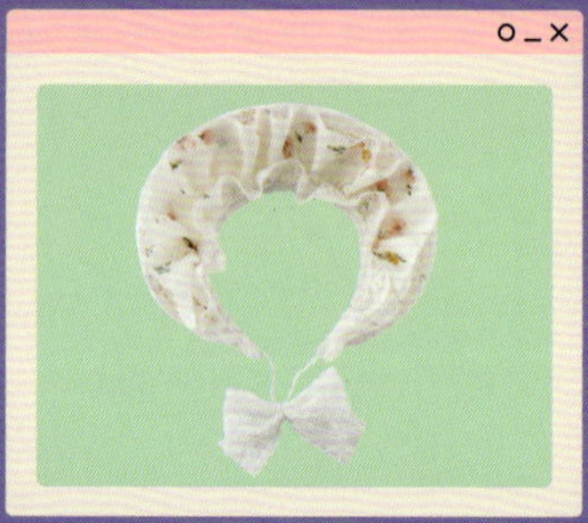
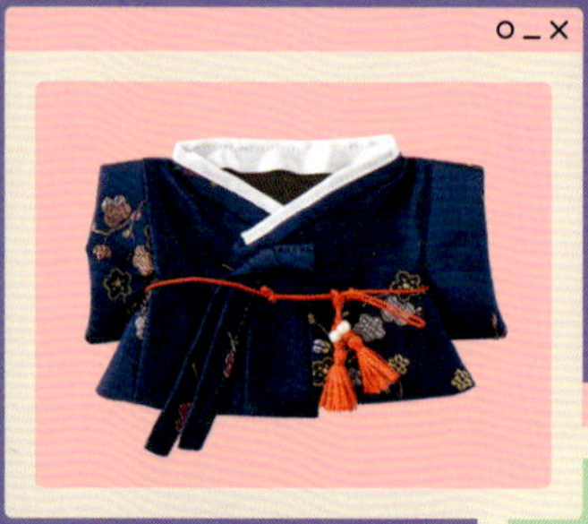
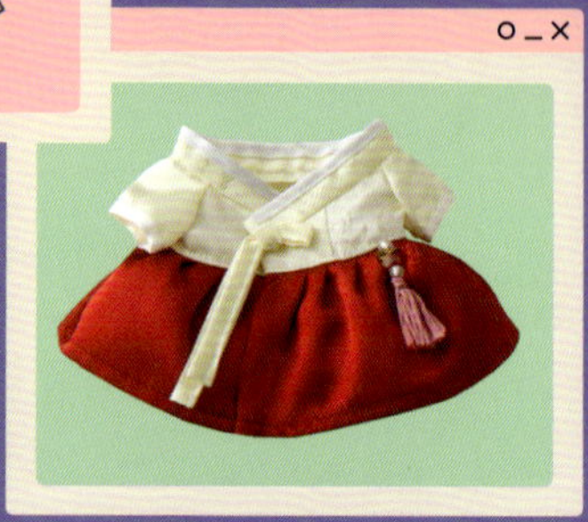
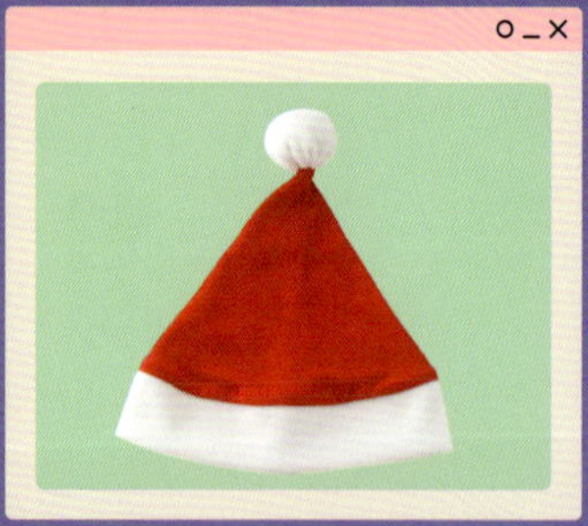
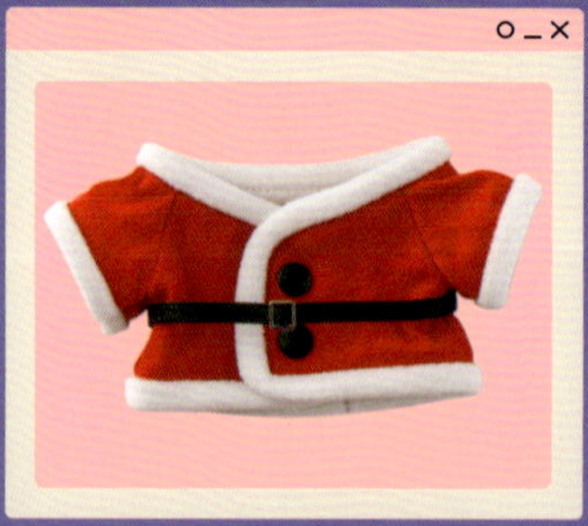
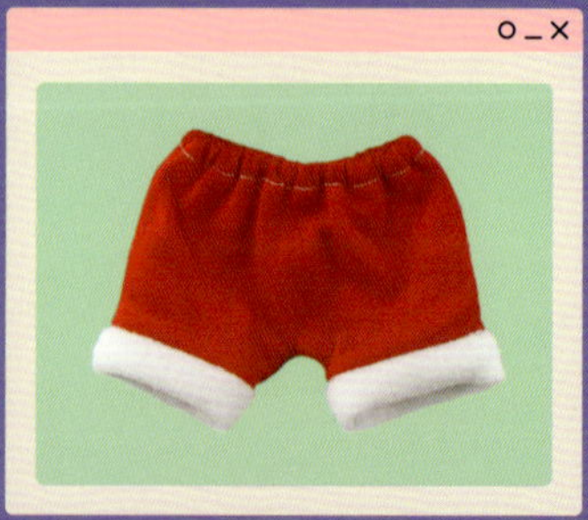

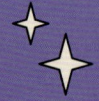

Part 6

专为特殊日子准备的棉花娃娃穿搭

01 专为特殊日子准备的棉花娃娃穿搭

正装夹克

正装夹克适合用于校服穿搭或是和偶像舞台搭配。先确认表布和里布的服装完成照片,再选择合适的面料。做女式夹克时,衣长可以缩短约1cm,口袋位置稍稍上调,更显可爱。

准备材料

面料

30 支色织方格棉布（薄荷色）
　S: 1/32 码，L: 1/32 码

10 支斜纹拉绒布（薄荷色）
　S: 1/16 码，L: 1/8 码

辅料

幅宽 10mm 丝绸带子（薄荷色）
　S: 27cm，L: 33cm

迷你扣子（棕色）2 个
　S: 4mm，L: 5~6mm

5mm 按扣两对

制作方法

1 将[口袋]的表布和里布正面相对，在除了上侧外的三侧沿完成线进行回针缝。不加里布时，需按照第113页"双面毛背心"的 **1**、**2** 进行操作。

2 在曲线部分剪牙口。

3 通过口袋口将面料翻至正面。将上侧部分沿完成线折到里布一边，再用回针缝或黏合剂贴合。

4 将口袋固定在[上衣F]正面，缝明线。

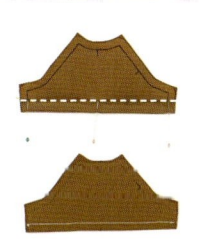

5 将[袖子]的底边沿完成线折到里面，缝明线。

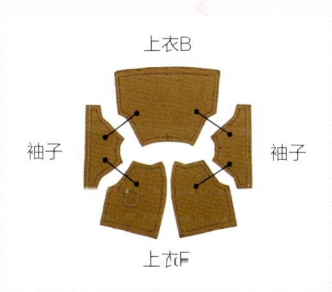

6 将[上衣]和[袖子]连接起来。

7　将[领子]的表布和里布的正面相对，将除了上衣连接线以外的部分沿完成线缝明线。

8　在曲线部分剪牙口。

9　将领子翻至上衣连接线一边，用熨斗熨烫，固定形状。

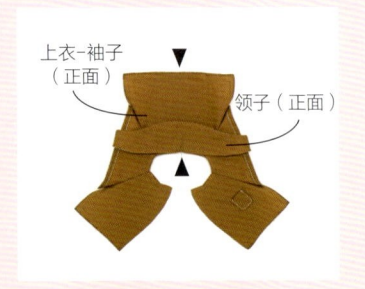

10　将[上衣-袖子]的后中心线和[领子]的中心线对齐，插入珠针固定。

上衣-袖子（正面）　　领子（正面）

11　将领子两侧对准连接点，插入珠针固定。

12　在其他需要连接的区间也用珠针固定起来。

13　将[领子]完成线之外的缝份部分用大针脚进行疏缝（此步骤可省略）。

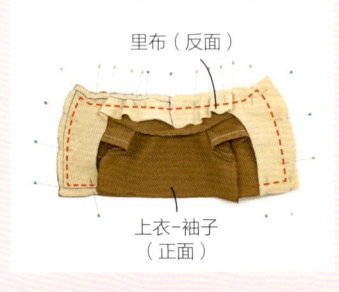

14　将[里布]盖在上一步固定好的面料上，沿完成线插入珠针固定，再进行回针缝。注意，上衣下摆的部分要在完成线之外的缝份部分（向下移2~3mm）进行回针缝。

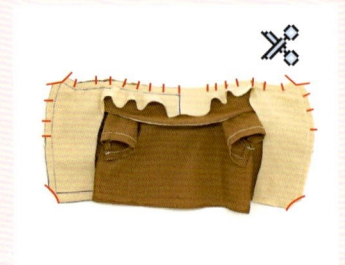

里布（反面）　　上衣-袖子（正面）

15　将面料完全展开，剪牙口。

16 在[上衣－袖子]衣片上缝明线固定[领子]的缝份。[上衣F]是衣服外侧部分，连袖子部分的明线必须缝得干净利落。

17 沿侧缝线进行回针缝。

18 将两端的长度调整至对齐后，沿完成线在下摆缝明线（由于 **14** 在下摆处留出了多于完成线的缝份，此时可以通过往内折或者往外展开来调整衣长）。

19 太过于明显的针脚会降低衣服的美观程度，最好用2针左右针脚缝明线，将里布固定在下摆上。安装按扣。

20 缝上纽扣装饰，用熨斗熨烫衣领形状。正装夹克制作完成。

重点 图为用丝绸带子对[里布]的边缘进行斜纹处理的照片。不同的收边方式也能给衣服增添不同的感觉。

02 专为特殊日子准备的棉花娃娃穿搭

可爱连衣裙

用有趣的圆形纸样制成的可爱连衣裙。荷叶边可以用蕾丝代替，还可以用小纽扣或丝带进行装饰，制作过程中能够感受到装扮的乐趣，还能同时体验圆形平领、蓬松泡泡袖和 A 字喇叭裙等的制作方法。

准备材料

面料
30 支平纹布（白色，紫薇花图案）
S: 1/8 码 + 荷叶边 81cm×2cm
L: 1/8 码 + 荷叶边 88.4cm×2.5cm

辅料
幅宽 1cm 棉质蕾丝 22cm
雪纺衬布 S: 3cm×8cm 2 张，L: 3cm×8cm 2 张
美甲用装饰
幅宽 1cm 魔术贴（超薄缝纫专用）
　　S: 6.5cm，L: 6.8cm

制作方法

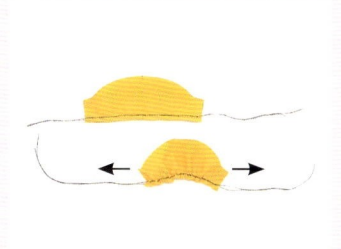

1 在[袖子]底边的缝份处进行平针缝，拉扯缝线，制成褶皱。

2 将[荷叶边]正面朝外，进行对折。

3 将[袖子]和[荷叶边]正面相对，沿底边完成线进行回针缝。将缝份倒向袖子一侧。

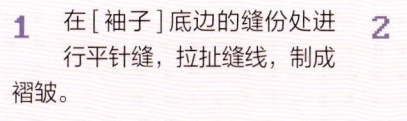

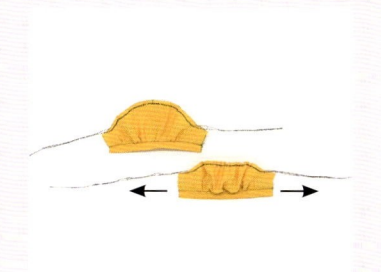

4 在袖山的缝份处进行平针缝，拉扯缝线，制成褶皱。

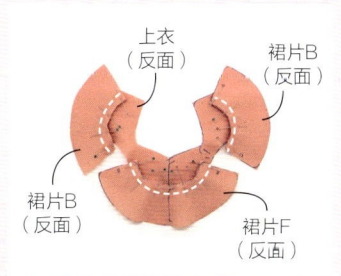

5 将[上衣]和[裙片 F，R]连接起来。比起将直线（上衣连接线）弯成曲线（裙片连接线），将曲线衣料拉成直线后进行回针缝会更顺利。

6 将缝份倒向上衣一侧。

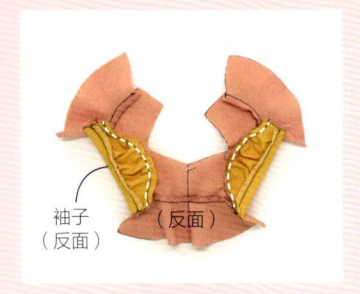

7 将[袖子]和[上衣]进行连接，将缝份倒向上衣一侧。

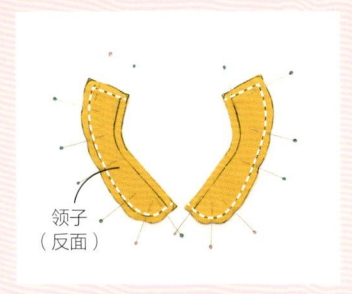

8 将[领子]的里布和表布正面相对。避开颈部连接线，沿完成线进行回针缝。

9 在曲线处剪牙口，翻过来进行熨烫。

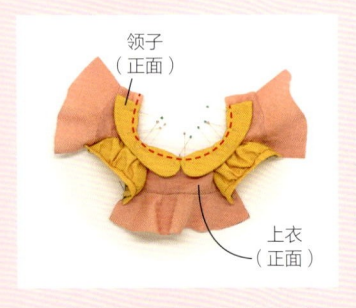

10 将[领子]连接在[上衣]上。

11 在颈部连接线缝明线，将上衣和领子之间的缝份固定在上衣衣片上。

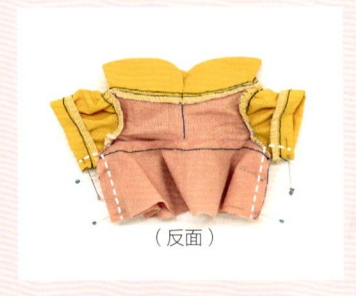

12 沿完成线进行回针缝。

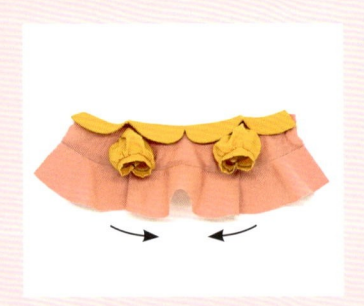

13 将侧缝线的缝份缝合后倒向上衣前侧。图为侧缝线连接完成后的衣片正面图。

14 准备好需连接距离的2~3倍长度的荷叶边，用于包裹裙边。如果沿斜纹方向裁剪，制成的荷叶边更加柔软。

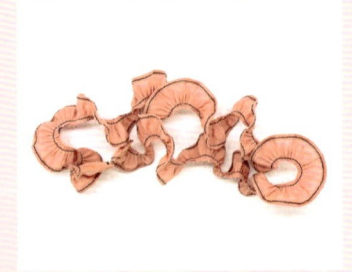

15 平针缝后，拉拽缝线抽出褶皱，或直接使用缩褶压脚制出褶皱。

16 将裙片下摆和[荷叶边]的正面相对,疏缝后再进行回针缝。

17 将荷叶边放至裙片下摆的下方,在[裙片]缝明线,固定缝份。

18 将雪纺衬布剪开,与对齐部分正面相对。用回针缝固定。

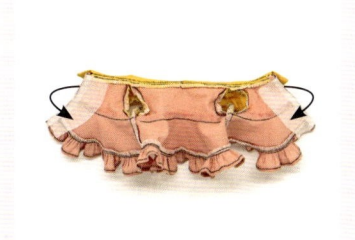

19 将雪纺衬布和缝份一同倒向连衣裙内侧,使用熨斗熨烫固定。这样处理可以防止开合魔术贴导致的衣服变形,也能让表面看起来更干净。

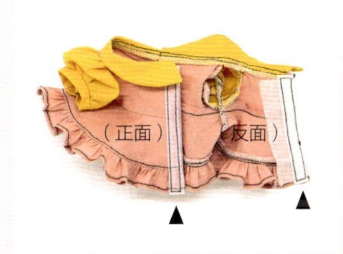

20 安装魔术贴。

21 可爱连衣裙制作完成。

03

> 专为特殊日子准备的棉花娃娃穿搭

波奈特帽

波奈特帽是非常适合搭配连衣裙的单品。帽檐不会遮住头发，给有耳朵的棉花娃娃戴上也会很漂亮。制作过程中能学到用斜纹利落地对曲线边缘进行收边的方法。也可以用有弹性的蕾丝代替斜纹布。

准备材料

面料
涤纶羊毛桃皮绒(象牙白)
　S: 1/16 码 + 荷叶边 43.6cm×4.5cm
　L: 1/16 码 + 荷叶边 49.8cm×4.5cm

辅料
黏合棉　S: 1/16 码, L: 1/16 码
　S: 23.5cm, L: 27cm
网纱蕾丝(斜纹布)
　S: 58cm+ 丝带 20cm
　L: 66cm+ 丝带 20cm
幅宽 4mm 松紧带　S: 6.5cm, L: 8cm

制作方法

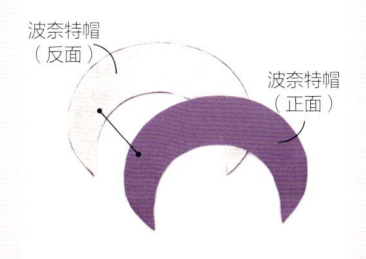

1 在两片[波奈特帽]中的一片的里面贴上黏合棉,沿着[波奈特帽]的完成线进行裁剪。

2 在黏合棉上放上另一张[波奈特帽]。涂上面料用黏合剂或胶水,用疏缝临时固定缝份。

3 制作7mm斜纹布(参考第51页)。用斜纹布包裹[波奈特帽]的边缘,再用珠针进行固定。

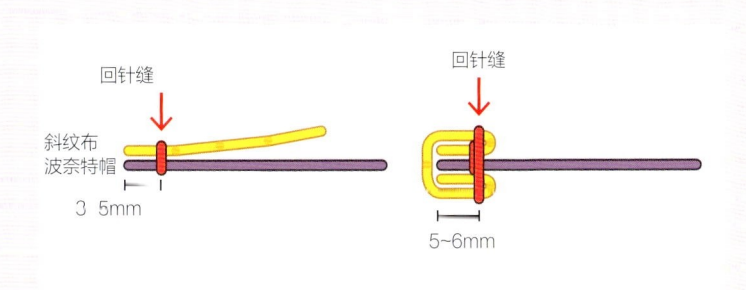

重点 斜纹回针缝详细图解。

4 在帽檐边缘往里3~5mm处缝一圈回针缝。

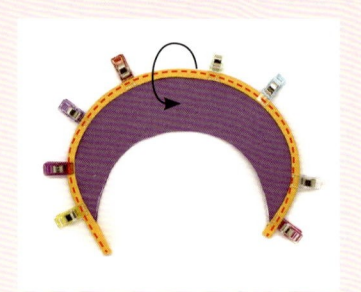

5　将斜纹布折到波奈特帽背面，沿边缘缝明线。

6　准备好所需长度2~3倍长的荷叶边布。如果沿斜纹方向裁剪，制成的荷叶边更加柔软。

7　平针缝后，拉拽缝线做出褶皱，或直接使用缩褶压脚做出褶皱。

8　将[波奈特帽]的正面下端边缘与荷叶边进行连接。回针缝，注意缝合成越靠近边缘荷叶边越窄的样子。

9　[波奈特帽]背面的内侧边缘也按照3一样，用珠针固定斜纹布。

10　在边缘往里3~5mm处缝一圈回针缝。

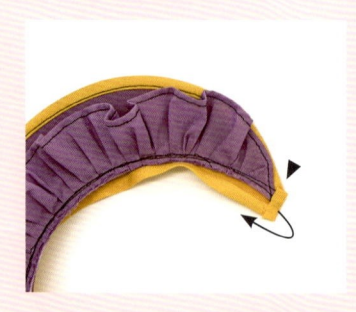

11　将端点向内折5mm左右。

12　从正面对斜纹缝明线，进行固定。

13　在[波奈特帽]两端缝上松紧带。

14 在松紧带中央固定丝带蝴蝶结,作为装饰。波奈特帽制作完成。

04

> 专为特殊日子准备的棉花娃娃穿搭

圣诞套装

圣诞帽子

圣诞衣服

圣诞裤子

圣诞衣服

可爱的棉花娃娃圣诞老人的存在本身就像一件礼物，柔软的毛边是圣诞衣服的亮点，穿上后就能成为圣诞派对的主人公。圣诞衣服没有里布，制作过程简单，推荐使用有弹性的面料。

准备材料

面料
30 支针织汗布（红色）
  S：1/32 码，L：1/16 码
单面抓绒布 / 超细纤维布（米白色）
  S：65cm×3cm，L：74cm×3cm

辅料
T 恤纽扣（黑色）两对
  S：9mm，L：11mm
皮带：幅宽 6mm 双面哑光丝带（黑色）
  S：12cm，L：15cm
娃娃用日字扣 7mm×8mm（银色）一个
幅宽 4mm 松紧带（黑色）4cm

制作方法

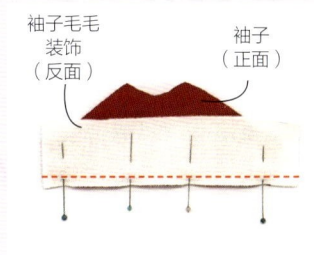

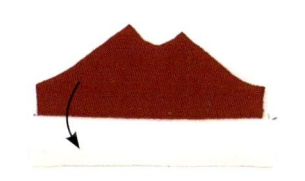

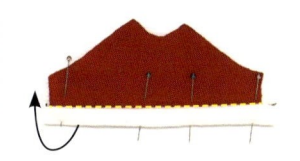

1 将[袖子毛毛装饰]放在[袖子]上，沿边缘向内 5mm 的完成线缝回针缝。

2 将[袖子毛毛装饰]向下折。

3 将[袖子毛毛装饰]向内折，用隐藏的明线（在毛毛装饰和袖子接缝处缝明线，从表面看不出来）进行缝合固定。

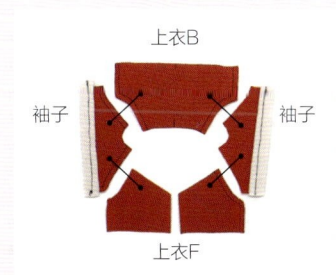

4 将[上衣]和[袖子]全部连接起来。

5 沿侧边进行回针缝。

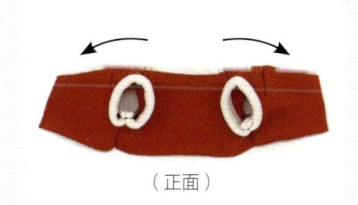

6 将面料翻至正面，将袖子拉开，使衣料完全展开。

7 将[上衣毛毛装饰]的末端往里折起3~5mm，从脖子后面进行疏缝。

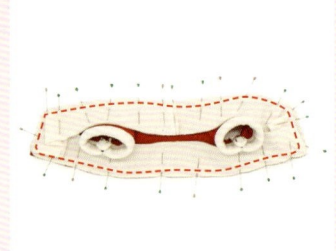

8 将[上衣毛毛装饰]绕上衣边缘一圈放好，用珠针固定后沿完成线缝回针缝。

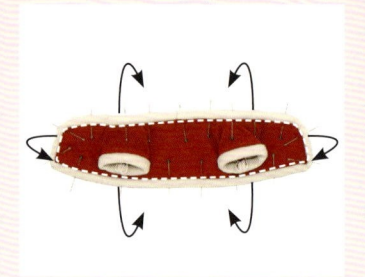

9 与3相同，将[上衣毛毛装饰]向内折，用隐藏的明线进行缝合固定。

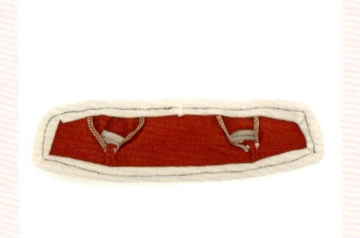

10 图为衣料里面的样子。

11 安装T恤纽扣。在开合衣物时，纽扣部分会受力，如果扣子缝得太紧或面料稀疏，则要在裁剪阶段时在对齐部分粘贴黏合衬（经向型），防止面料被拉松。

12 准备和娃娃大小适配的6mm哑光丝带、松紧带和娃娃用日字扣等装饰物。

13 在丝带末端连接松紧带，能让穿戴过程更顺利。

14 圣诞衣服制作完成。

圣诞裤子

圣诞裤子是裤脚贴有毛边装饰的松紧带裤子,和衣服、帽子搭配成套,共同打造完美的圣诞装扮。

准备材料

面料
30 支针织汗布(红色)
S: 1/32 码,L: 1/16 码
单面抓绒布 / 超细纤维布(米白色)
S: 20cm×3cm,L: 26cm×3cm

辅料
幅宽 4mm 松紧带
S: 11cm,L: 14cm

制作方法

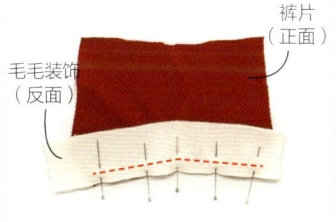

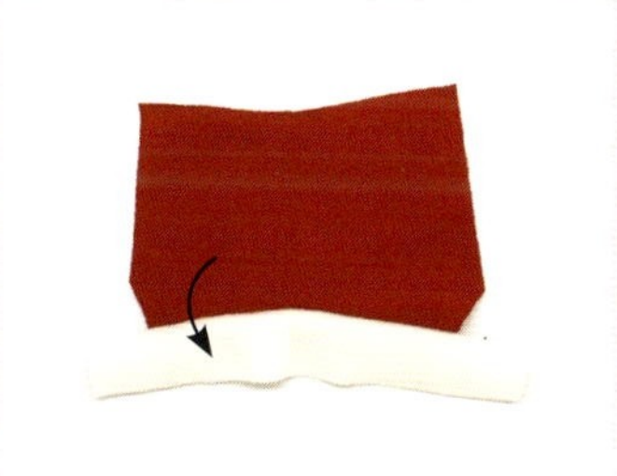

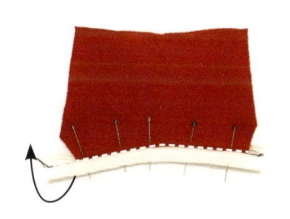

1 将[毛毛装饰]放在[裤片]上,沿完成线缝回针缝。

2 将[毛毛装饰]向下折。

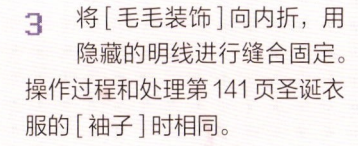

3 将[毛毛装饰]向内折,用隐藏的明线进行缝合固定。操作过程和处理第141页圣诞衣服的[袖子]时相同。

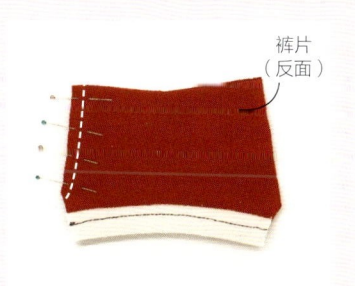

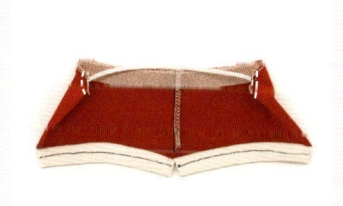

4 沿裤片的前裤裆线进行回针缝。

5 面料较薄时,使用丝绸黏合衬(斜纹型)贴在腰部,能让裁缝过程更顺利。

6 准备一条长度为娃娃腰围60%~70%的松紧带,固定在衣料腰部内侧两端的缝份部分。

7　将[裤片]的腰部沿完成线折叠后缝明线,注意不要缝到松紧带。缝明线时,只展开需要缝合的部分面料会更顺手。

8　在末端缝明线时,将褶皱移到已经缝好明线的上方部分。

9　放入松紧带,缝合开口。这样操作的速度比用别针塞入松紧带更快。

10　连接后裤裆线。

11　沿下裆线进行回针缝。

12　圣诞裤子制作完成。

圣诞帽子

圣诞帽子是圣诞套装的最后一件单品。把尺寸改大就能得到一顶人类使用的帽子,用棉花娃娃和亲子装扮享受圣诞派对吧。

准备材料

面料
30支针织汗布(红色)
　S: 1/16码,L: 1/16码
单面抓绒布 / 超细纤维布(米白色)
　S: 32.5cm×5cm 毛球6cm×6cm
　L: 35cm×8cm 毛球8cm×8cm

辅料
棉花1团 / 毛绒球1个

制作方法

1. 将[圣诞帽子]和[毛毛装饰]的正面相对，边缘对齐，用珠针固定。

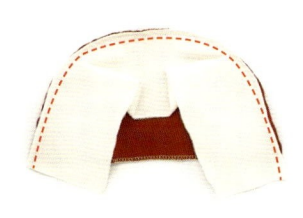

2. 沿完成线进行回针缝，连接两片面料。

3. 沿帽子里侧的侧边线进行回针缝，将缝份倒向[毛毛装饰]一侧。

4. 将[毛毛装饰]往里面折。折到比2缝合线更往上2~3mm的位置，用珠针固定。

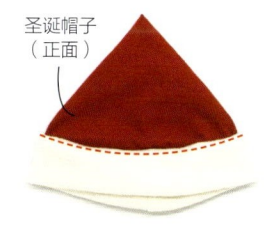

5. 将帽子翻至正面，用隐藏的明线进行缝合固定[圣诞帽子]和[毛毛装饰]。要确认往里折的[毛毛装饰]是否也缝在了一起。

6. 在[毛球]的边缘进行平针缝，抽成团后，塞入棉花，制成毛球。可用毛绒球代替。

7. 将毛球缝合在帽子顶上。圣诞帽子制作完成。

05 专为特殊日子准备的棉花娃娃穿搭

男式韩服 & 穗带

男式韩服 —
穗带 —

男式韩服

韩服是韩国的传统服饰，其美好也可通过棉花娃娃呈现，搭配纱帽和穗带会更加帅气。对于第一次使用韩服面料的人来说，熨烫后剪牙口的步骤会有些困难，但只有完成这个挑战，才能帮助棉花娃娃变身为玉树临风的书生哦！

准备材料

面料
表布：梅花洋缎（藏青色）S：1/8 码，L：1/4 码
里布：暗纹纱（黑色）S：1/8 码，L：1/8 码

辅料
幅宽 6mm 双面哑光丝带（米白色）
　S：22cm，L：26cm
按扣一对 S：5cm 尺寸，L：8mm 尺寸

制作方法

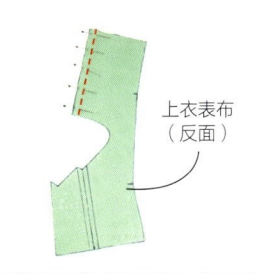

1. 将两片［上衣表布］正面相对，沿后中心处的完成线进行回针缝。

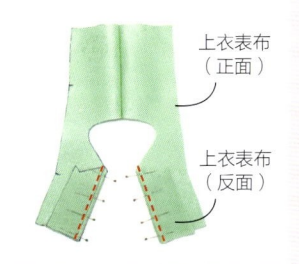

2. 将［上衣表布］的前襟线的对位点对齐，折起后沿完成线进行回针缝。

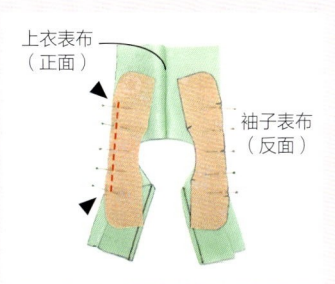

3. 将［袖子表布］和［上衣表布］正面相对，进行回针缝。

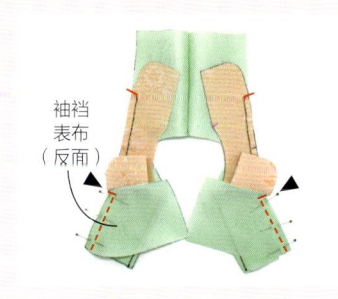

4. 缝回针缝，将［袖裆表布］连接到［上衣表布］上。注意，不要把袖子也缝到一起。

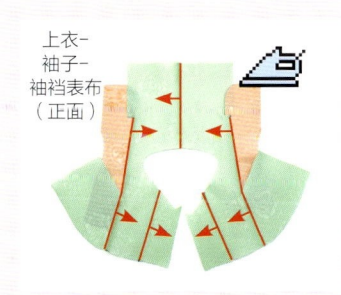

5. 将缝份都倒向中心方向，用熨斗熨烫，后中心线处的缝份往左（穿衣状态的右边）折起。

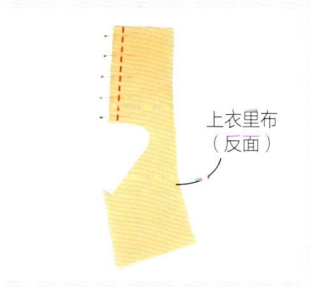

6. 将两片［上衣里布］正面相对，沿后中心处的完成线进行回针缝。

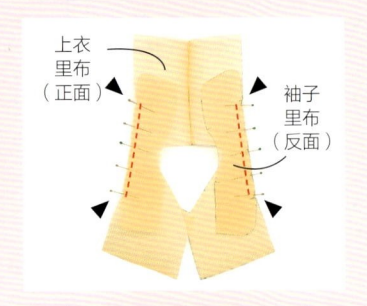

7 将[袖子里布]和[上衣里布]正面相对，进行回针缝。

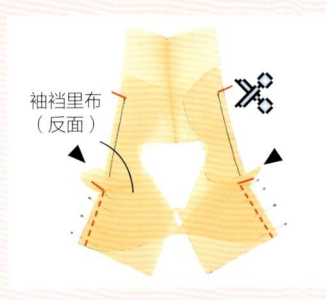

8 缝回针缝，将[袖档里布]连接到[上衣里布]上。注意，不要把袖子也缝到一起。

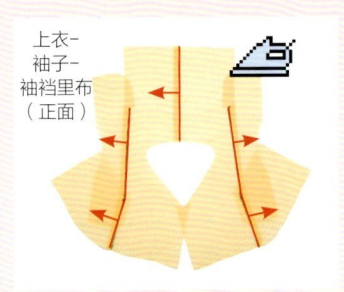

9 将缝份都向外折起，用熨斗熨烫，后中心线处的缝份往左折起（这样才能让里布表布连接时的缝份互不重合）。

10 将[表布]和[里布]正面相对，用珠针固定。

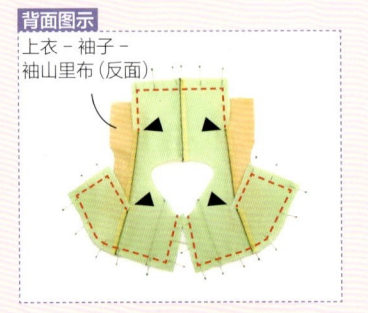

11 避开连接衣领的颈部线和袖子部分，其他部分沿完成线进行回针缝。

12 在袖口处进行回针缝，注意不要偏离完成线。

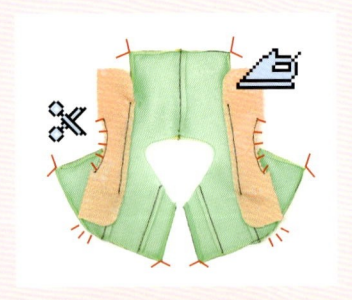

13 将缝份沿完成线折叠，熨烫后在弧线处剪牙口。由于先剪牙口再熨烫会难以叠起缝份，一定要按顺序操作。

14 在缝份的直角顶点附近沿对角线裁剪。由于这部分在翻面时可能会脱线，一定要仔细处理。

15 用打火机把涤纶面料的末端用打火机熔化凝固后，按照完成线折叠。注意面料不要熔化过度，否则变厚，翻动时可能会变粗，甚至会烧到缝纫线。

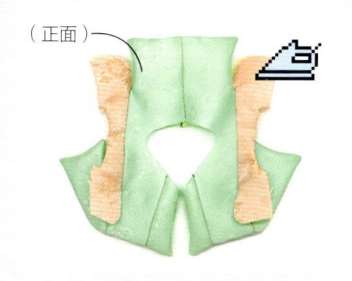

16 通过衣领口，将衣料翻至正面，整理好形状后，用熨斗熨烫。

17 以袖子中心线为基准，将袖子的正面相对，进行对折。

18 将两片袖子里布和两片袖子表布整理好，沿完成线进行回针缝。注意，不要将靠近袖口的上衣缝合。袖口处的面料应牢固地缝合至面料边缘。

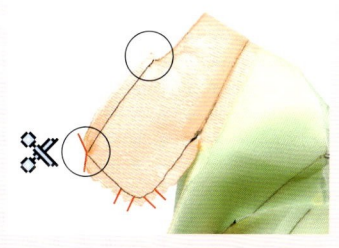

19 在弧线处小心剪牙口，防止袖口的缝份和顶点开线。

20 用珠针将[袖裆]和上衣衣片的后中心线呈直角连接，再进行藏针缝。注意，要确保从外面看不到缝合线。

21 沿纸样的辅助线熨烫[衣领]，参考第151页。

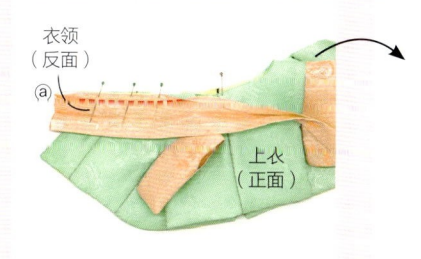

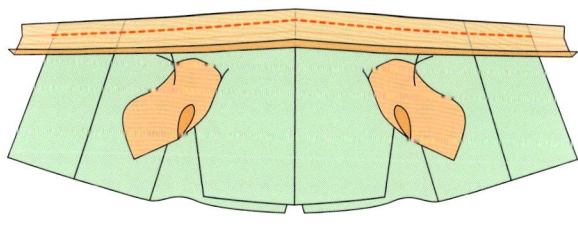

22 将[衣领]和[上衣]的正面相对，沿纸样中标记的ⓐ线进行回针缝。

149

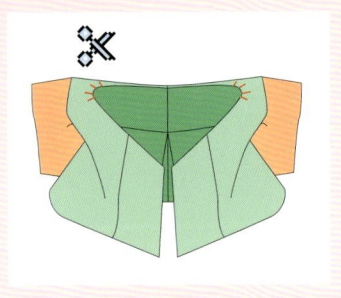

重点 将上衣的弧线处剪牙口后更好连接。

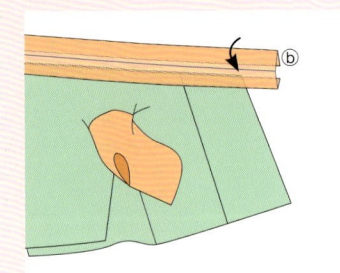

23 将[衣领]的ⓑ线往里折,从[上衣]的端点处开始,沿与衣领呈直角的线条进行回针缝。

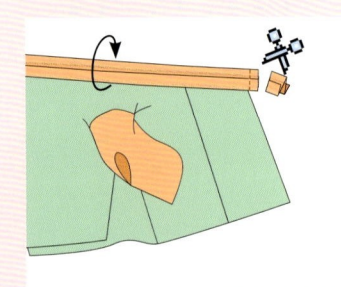

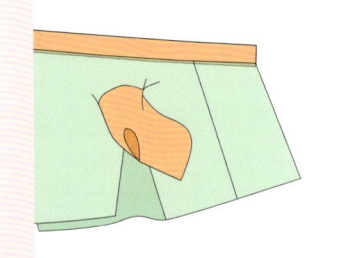

24 留出3mm左右的缝份,剪去多余部分,折起衣领。

25 从里面看时,折起的衣领应遮住了沿ⓐ线的缝线(之后可以轻松地缝隐藏明线)。

26 用珠针固定衣领和上衣,避免里布一侧的衣领移动,再沿连接线缝藏针缝。过程中要经常展开里布一侧的衣领,确定是否全都一起缝合(可以在里布一侧进行藏针缝,以代替隐藏明线)。

27 隐藏明线缝制完成图。

背面图示

28 如图所示,为衣服里面的样子。

29 为防止边缘衣料开线，用折起的丝带包裹住衣领上侧，用回针缝固定。将接触衣料内侧的丝带折起1~2mm，更方便缝明线。

30 另一侧的丝带末端也要做防开线处理（先留出5cm左右的部分，不缝明线，用打火机将丝带末端熔化、凝固，再用明线缝制末端）。

31 安装按扣。

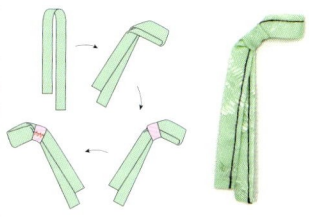

32 准备两侧收边的[衣带]（参考第50页）。

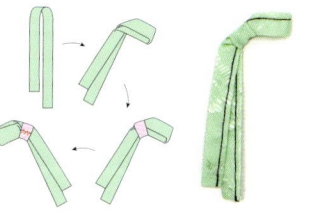

33 如图所示，将衣带打结后缝在韩服上。

34 男式韩服制作完成。

重点 » 衣领的裁剪：针对隐藏明线的斜纹变式

男式韩服的[衣领]是像"斜纹"一样连接到上衣上的。为在减少外露针脚的同时减少手工缝制量，需将衣领裁剪为如图所示的样子。

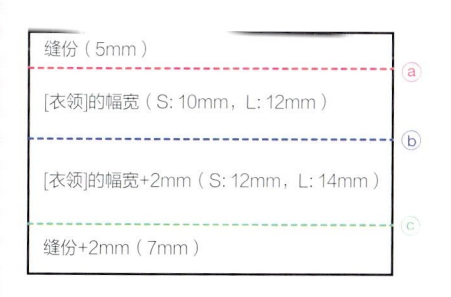

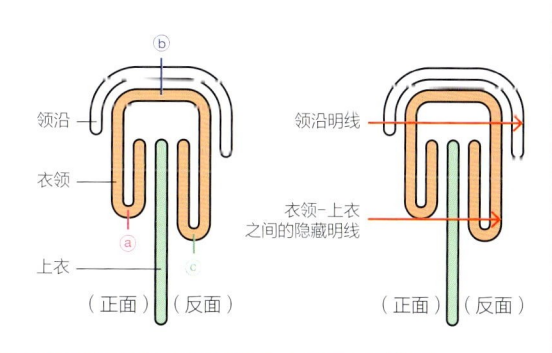

缝份（5mm）
[衣领]的幅宽（S: 10mm，L: 12mm）
[衣领]的幅宽+2mm（S: 12mm，L: 14mm）
缝份+2mm（7mm）

ⓐ
ⓑ
ⓒ

领沿
衣领
上衣
（正面）（反面）

领沿明线
衣领-上衣之间的隐藏明线
（正面）（反面）

将向里折起的领沿和衣领宽度加宽，则更方便缝明线。

穗带

准备材料

辅料
绳子线 S: 40cm, 22cm, L: 45cm, 28cm
DMC 刺绣线 S: 剪成5cm的6束 两把（总长60cm），L: 剪成7cm的8束 两把（总长112cm）
4mm 米珠 4 个

制作方法

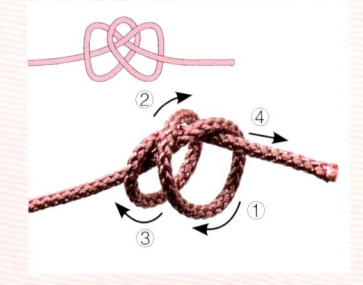

1 如图所示，将绳子打结。将绳子弯出两个圆孔，再向后重新穿过。

2 拉扯绳子两端，将打好的结拉至距离绳子一端1cm左右的位置，使结固定为"X"字形。

3 绳子线是用人造丝制成的，无法进行热处理，需要剪短后稍稍涂抹黏合剂，进行固定。

4 使用相同的方法，将另一端也打结。

5 在一端再次打结，让另一端穿过。

6 另一端也用同样的方法在此打结。

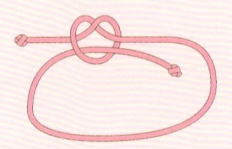

7 这样就做出了一个可调节绳子长度的带子。

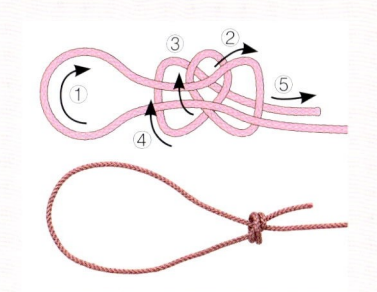

8 准备一条更短的绳子，在一端弯出环形，打结后绑起。

9 将4颗装饰用珠子穿在绳子上。

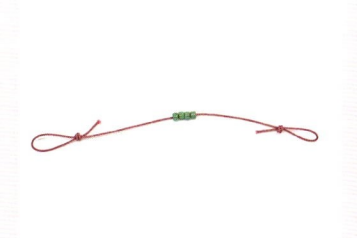

10 在另一端也按照8做相同操作，弯出环形后再打结。

11 准备好和绳子颜色相近的刺绣线。

12 将刺绣线剪开，穿入绳子两端的圆环内，拉紧固定。

13 将结上多余的线剪去，稍稍涂抹黏合剂，固定结。粘一颗珠子会更牢固。

14 将两颗珠子放至穗附近，打结。

15 打的结离珠子越近，效果越好。

153

16 另一边也用同样的方式操作。

17 使用和穗相同颜色的线，用针从穗内部穿到外部。

18 在穗的上侧绕数圈。

19 将穗的底部修剪整齐。

20 将挂着穗的绳子对折，绑在7的带子上。

21 将打结后的绳子往右放，穗往左放。

22 穗带制作完成。

o_x

o_x

06 女式韩服

专为特殊日子准备的棉花娃娃穿搭

为了更容易给棉花娃娃穿上，这里的韩服改成了连衣裙的形态。用普通面料代替韩服面料，就能做成适合日常生活穿搭的韩服。使用韩服面料制作时用单层布，最好使用不透明的材质（洋缎、摹本缎等）。快来把你的棉花娃娃打扮成端庄大方的大小姐吧！

准备材料

面料
摹本缎／涤纶洋缎（淡黄色，红色）
 S：上衣 1/16 码　裙子 45cm×6.4cm
 L：上衣 1/16 码　裙子 49cm×7.4cm

辅料
幅宽 6mm 双面哑光丝带（米白色）
 S：24cm，L：26cm
按扣一对 S：5mm 尺寸，L：8mm 尺寸
黏合衬 两张 S：2.5cm×8cm，L：2.5cm×10cm
袖口装饰：丝绸带子 1cm（白色）2个
挂件装饰：DMC 刺绣线 S：剪成 5cm 的 6 束 两把（总长 30cm），L：剪成 7cm 的 8 束 两把（总长 56cm）
蝴蝶珠子 1个，4mm 米珠 2个，透明线

制作方法

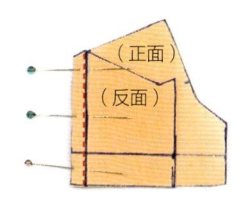

1　将两片[上衣F]沿完成线正面相对进行回针缝。

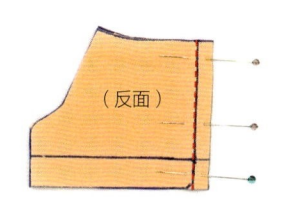

2　将两片[上衣B]的后中心沿完成线正面相对后进行回针缝。

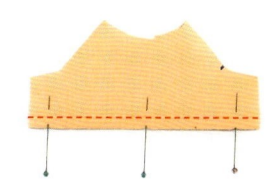

3　将[袖子]的底边沿完成线折叠后缝明线。用丝绸带子包裹住底边，表现出衣服末端独有的感觉。

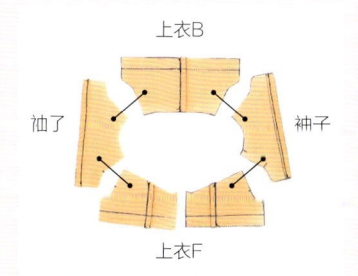

4　将[上衣]和[袖子]连接起来。

5　沿侧边线进行回针缝。

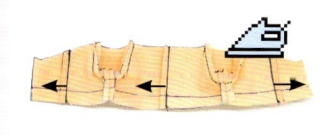

6　分开侧缝线的缝份，将[上衣F]的缝份全都倒向外，将[上衣B]后中心线处的缝份倒向左边（穿衣状态的右边）。

7 使用和第63页"无袖连衣裙"1~3相同的方法，制作[裙片]。若追求和现实中的韩服的近似感，可以先用手折出褶皱后，再使用缩褶压脚。

8 图为将底边缝起后的褶皱的样子。

9 沿[上衣]和[裙片]的完成线插入珠针固定。

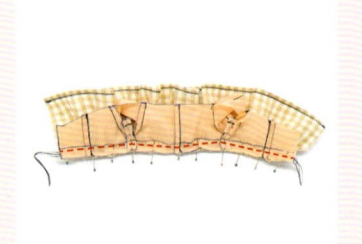

10 沿完成线进行回针缝。

11 将缝份倒向上衣一侧，再缝明线。

12 将两端沿完成线折叠后缝明线，覆盖一层黏合衬后，就能遮住针脚，看起来更干净利落。将黏合衬和[上衣-裙片]正面相对，沿完成线进行回针缝。

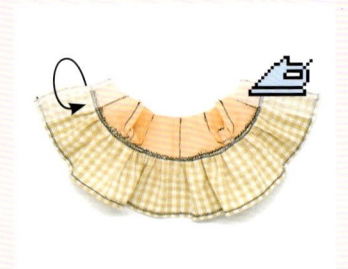

13 将缝份和黏合衬向里折起，用熨斗熨烫固定。

14 图为完成两端收边后的样子。

15 制作衣领的方式和第149页制作"男式韩服"衣领的方式相同。

衣领
（反面）

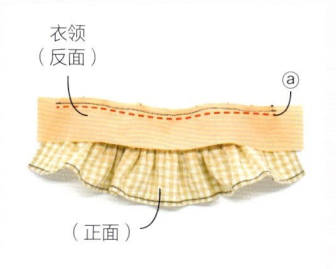

ⓐ

（正面）

ⓒ

女式韩服（反面）

ⓑ

16 将[衣领]沿ⓐ线进行回针缝。

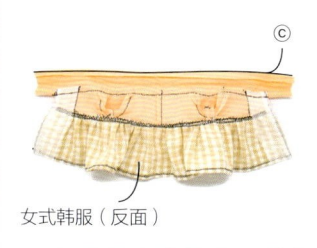

17 将衣领底部上折，并沿ⓒ线下折。

18 以ⓑ线为中线，将领子正面相对进行折叠。注意，衣领沿ⓑ线反折，从[上衣]的端点处开始，沿与衣领呈直角的线条进行回针缝。剪去多余部分。

19 将衣料翻到正面，在表面缝隐藏明线，固定内侧衣领。

20 此时需要用和面料相近颜色的细线来缝明线。若找不到相近颜色，则可用透明线代替，让表面不留明显针脚。

21 制作领边的方式和制作"男式韩服"领边的方式相同。

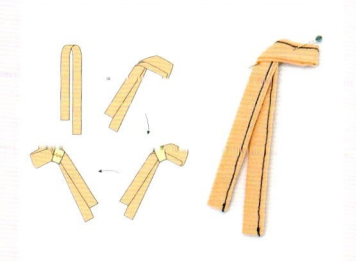

22 衣带打结的方式和制作"男式韩服"衣带的方式相同。

23 在衣带上安装按扣。

24 女式韩服制作完成。如图所示，左边为用疏缝制成褶皱的裙子，右边为用缩褶压脚制成褶皱的裙子。

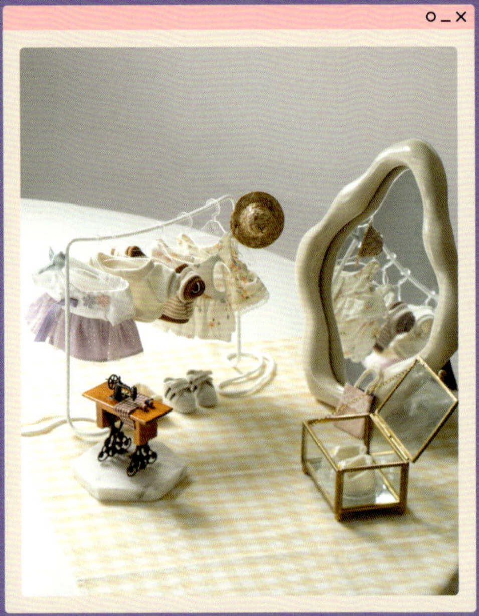

Part 7

绘制合身的纸样

NEW POST

01 测量棉花娃娃尺寸

> 绘制合身的纸样

要想为自己的棉花娃娃打造量身定做的纸样,我们必须知道棉花娃娃的尺寸。
请仔细阅读后填写下面的表格。

棉花娃娃围度表

颈围(前+后)	cm
颈围(前)	cm
颈围(后)	cm
腰围(前+后)	cm
腰围(前)	cm
腰围(后)	cm
臂围	cm
腿围	cm
裤裆线(前)	cm
裤裆线(后)	cm
上身长	cm
下身长	cm
裤子内缝线	cm
臂长(上)	cm
臂长(下)	cm
腋窝至腰线长度	cm
肩宽	cm

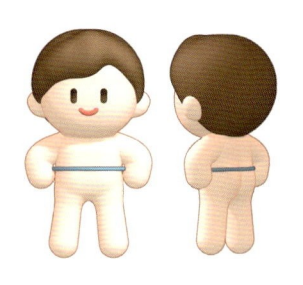

1 用绳子、软尺、便条纸等工具围在棉花娃娃腰线，进行标示。想象一下棉花娃娃穿裤子后的样子，就能很快找到腰线了。

2 用卷尺量出脖子、腰部、胳膊、腿的周长，注意测量时不要拉得太紧。如果身体的背面和正面围度不同（臀部较大或前颈部连接点比背面更往下等情况），最好以侧缝线为分界线，单独测量背面和正面长度。

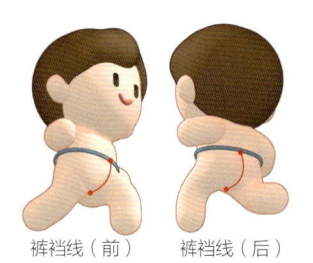

标注：颈围、臂围、腰围、腿围

3 测量裤裆线时要分别测前面和后面。

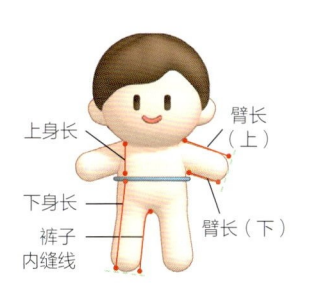

标注：裤裆线（前）、裤裆线（后）

4 测量上身长、下身长、裤子内缝线和臂长。

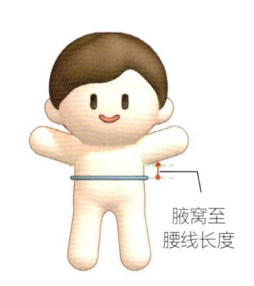

标注：上身长、下身长、裤子内缝线、臂长（上）、臂长（下）

5 测量从腋窝到腰线的长度。

标注：腋窝至腰线长度

6 测量肩宽。棉花娃娃没有清晰的肩膀，需要根据个人喜好决定肩宽。不看沿着侧肩线方向弯曲的部分，只看平坦的正面身体宽度，就能顺利测量出肩宽。

标注：肩宽

绘制基础衣服纸样

02 绘制合身的纸样

测量完棉花娃娃的围度后，就可以参考填写的表格开始绘制纸样了。尽量避免绘制出弧度太大的曲线和锐角（小于90°的角）。初次绘制完毕后，建议使用20~30支的棉质面料粗缝检测作品，检查需要修改的部分后再正式开始制作。

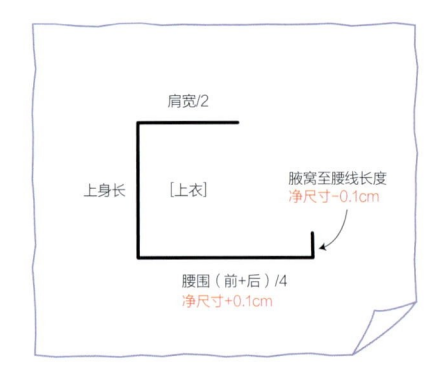

图中标注：
- 肩宽/2
- 上身长
- [上衣]
- 腋窝至腰线长度 净尺寸-0.1cm
- 腰围（前+后）/4 净尺寸+0.1cm

1. 参考填好的棉花娃娃围度表，在透写纸上绘制上衣的纸样。

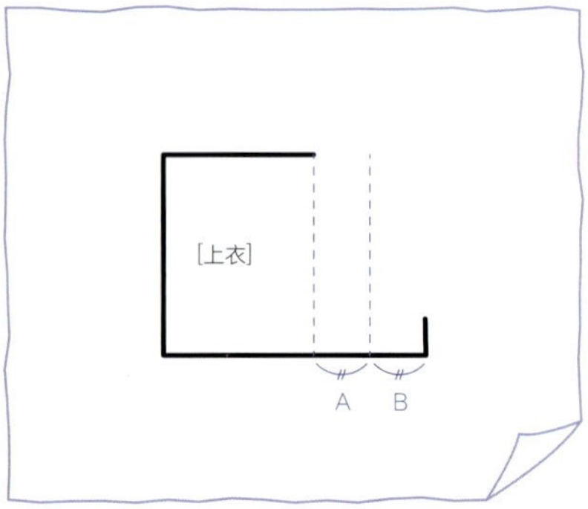

2. 如图所示，将还没连线部分的宽度一分为二，画出辅助线。（A、B）

图中标注：
- {颈围（前+后）-（肩宽×2）}/4
- 臂长（上）
- [袖子]
- 臂围/2 净尺寸+0.1cm
- 臂长（下）

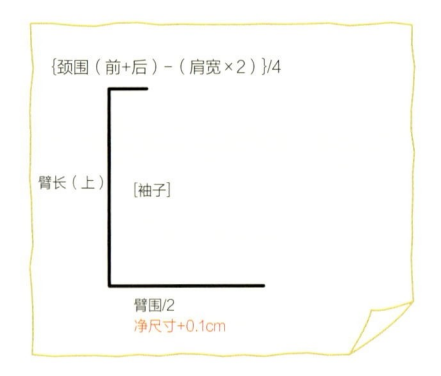

3. 在另一张纸上绘制袖子的纸样。可以不用透写纸。

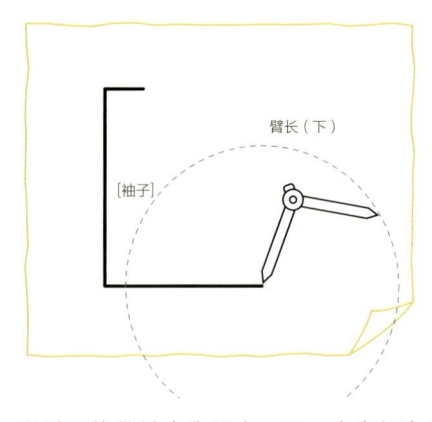

4. 以臂围线的端点为圆心，画一个半径为臂长（下）的圆。

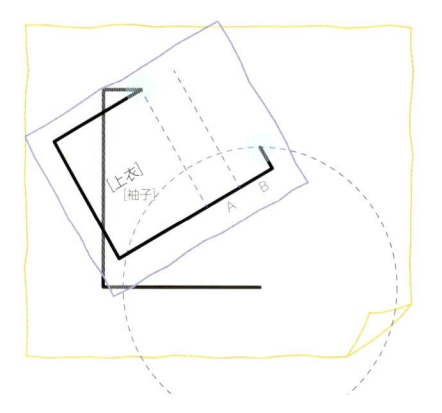

5　参考图示方法，将上衣和袖子的纸样叠放在一起。

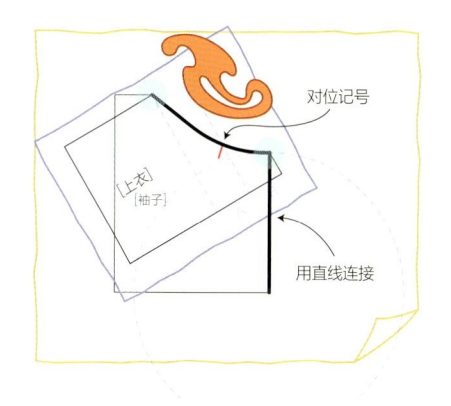

6　用平缓的曲线连接上衣上部的两点。注意，2所示的A区间之间接近直线，B区间绘制曲线，成图更自然。袖子纸样上也画出完全相同的曲线，最后在剩下的两点间绘制直线。

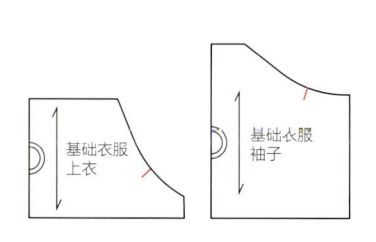

对位记号

用直线连接

7　"基础衣服纸样"绘制完成。以这张纸样为基础，可修改绘制出各种设计的作品。

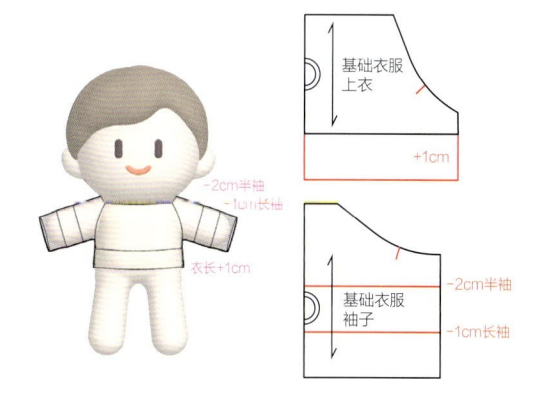

8　缩短或增长基础衣服袖子纸样的袖长，即可得到半袖或长袖衣型。以基础袖子纸样为标准，缩短2cm为半袖，缩短1cm为长袖，还要在基础上衣纸样的基础上增长1cm。根据所需的设计考虑袖子外会露出多少手部，上衣的衣长则要考虑会遮盖住多少裤面。

03 绘制合身的纸样

绘制插肩袖衣服纸样

"插肩袖"是指从上衣直接连接到袖子、没有肩膀部分的衣服。根据身体前/后围度，就能用基础衣服纸样制作出自然的插肩袖衣服。

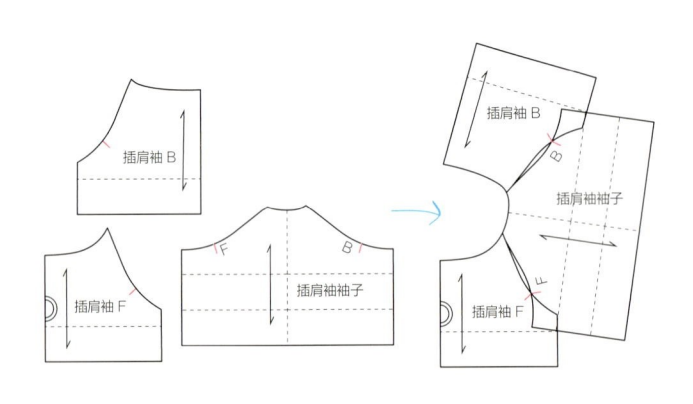

1 如图所示，将基础衣服的纸样摆放好。

2 区分衣身前、后片，在基础上衣的纸样上参考腰围的长度进行修改。

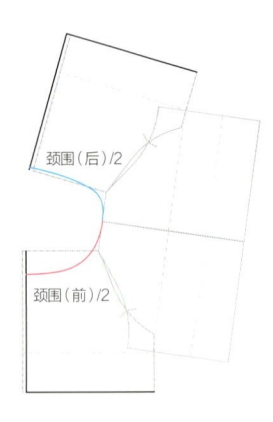

3 在基础上衣的纸样上绘制出颈围线，将其修改为平缓的曲线。

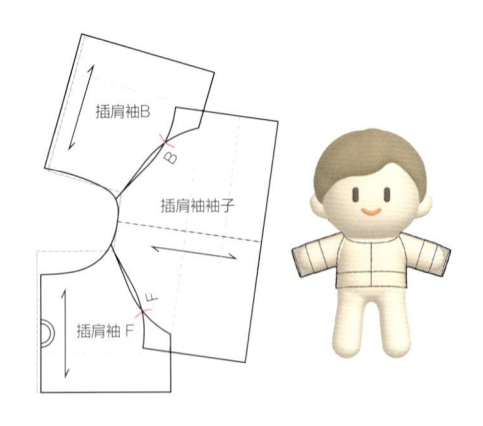

4 将袖子线条对齐修改后的上衣纸样，在图上画出记号。

04 绘制合身的纸样

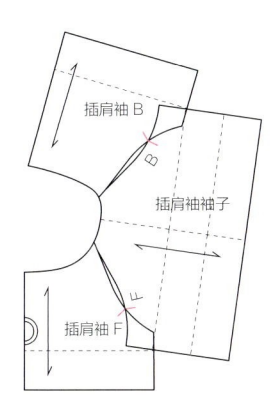

变为装袖纸样

1. 直接使用插肩袖的纸样。

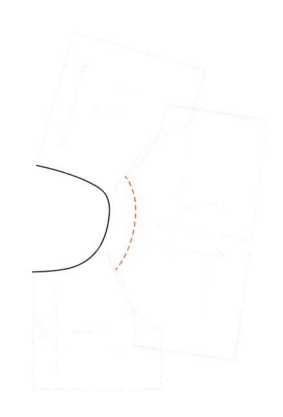

2. 将插肩袖袖子的颈部线条的最低点往袖子方向下调7~10mm,绘制辅助线。

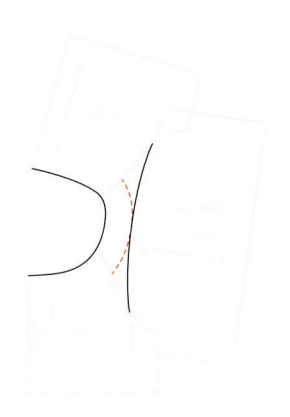

3. 用平缓的曲线连接袖子的对位点。注意不能超过2中的辅助线,且曲线应以袖子中心线为准,呈轴对称。

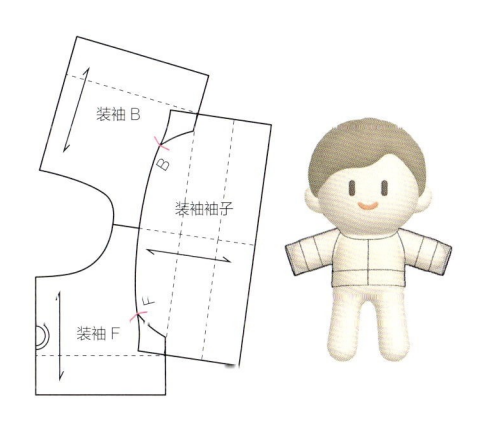

4. 装袖纸样修改完毕。

05 绘制合身的纸样 — 绘制基础裤子纸样

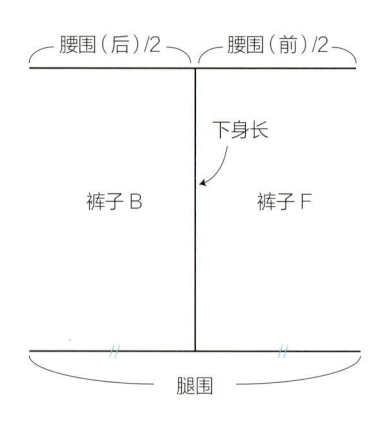

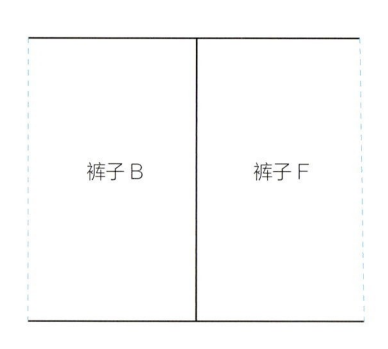

1 如图所示，参考棉花娃娃的围度表，画出纸样。

（图中标注：腰围（后）/2、腰围（前）/2、下身长、裤子B、裤子F、腿围）

2 用辅助线连接上下四点，形成四边形的图案。

3 这是将目前的纸样穿在娃娃身上的样子。

4 从侧面看，裤子不能很好地包裹臀部和腹部，只是将边缘各点对齐娃娃身上的基准线。

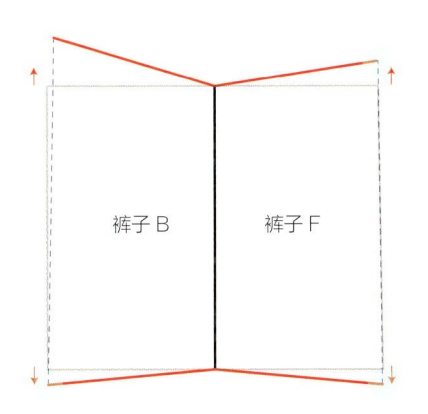

5　延长辅助线，据此修改其他线条。后中线向上延长5~7mm，前中线和裤子内缝线延长3~5mm左右。臀部越大的娃娃，后中线的最高点越高。前片和后片的裤子内缝线往下延长相同的长度。

6　修改后的样子。腹部和臀部完全被包裹住。

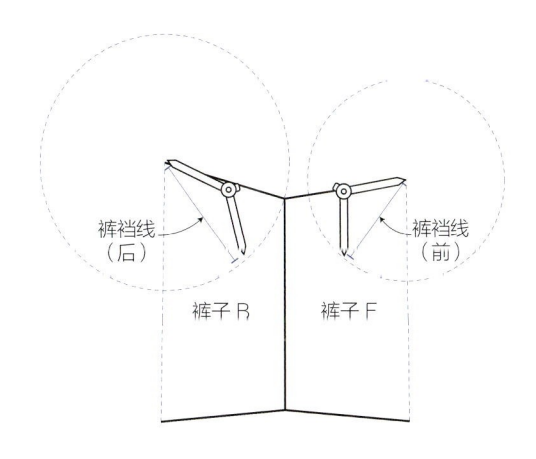

7　以腰线上顶点为圆心，以裤裆线（前，后）为半径画圆。

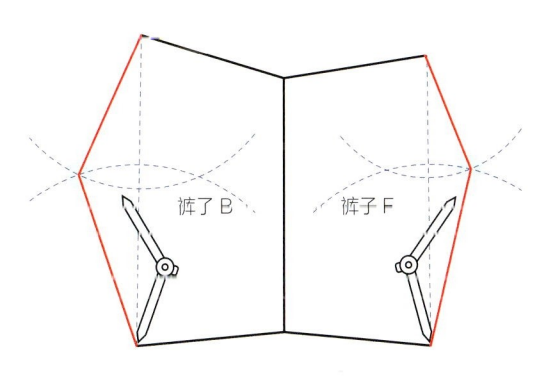

8　如图所示，以底边的最低点为中心，以裤子内缝线长为半径画圆。找到和7中的圆的外侧交点进行连接。

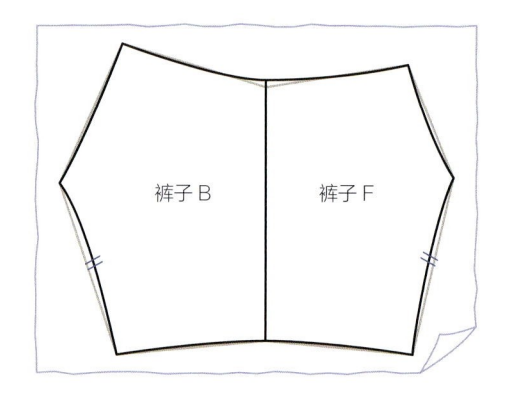

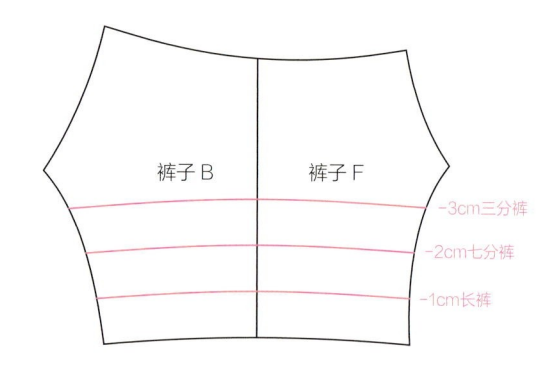

9 铺上透写纸，改为平缓的曲线后进行描画。越靠近顶点，越要使图上两条线相交线垂直。注意，裤子前、后片的内缝线是回针缝后重合而成的线条，因此必须绘制成相同的长度。

10 基础裤子纸样绘制完成。修改裤长，就能得到各种长度的裤子纸样。

06 绘制合身的纸样   修改纸样

用基础纸样制成测试品后,可以给娃娃试穿以查看板型。这时可能会发现制成品和想要的板型不同,出现需要修改的部分。接下来介绍几种修改板型的方法。

在腋窝和侧缝线中加入松量

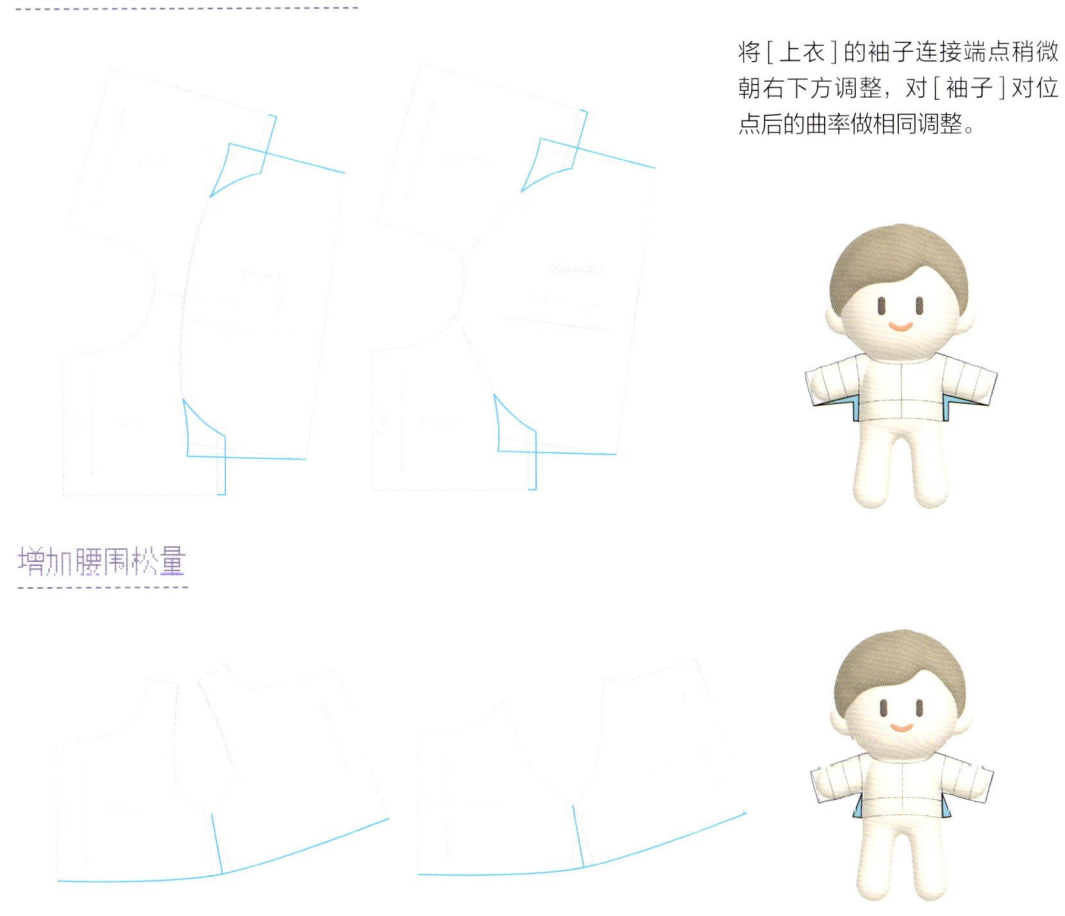

将 [上衣] 的袖子连接端点稍微朝右下方调整,对 [袖子] 对位点后的曲率做相同调整。

增加腰围松量

为臀部和腹部鼓鼓的棉花娃娃制作稍微宽松的衣服时,可采用这种简单的方法修改纸样。[上衣] 的袖子下方侧缝线互相对齐。只展开底边,根据个人喜好增加多余的空白部分。再根据修改后的样子重新绘制侧缝线,还要在上衣的底边处绘制自然的曲线。

制作连接部分

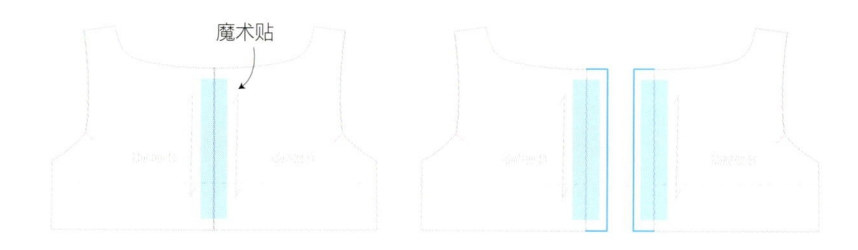

魔术贴

想增加魔术贴、按扣等连接部分时，可使用这种方法。假如魔术贴的宽度是1cm，则要将两侧的[上衣]连接部分各延长0.5cm。

调整颈部线和胳膊角度

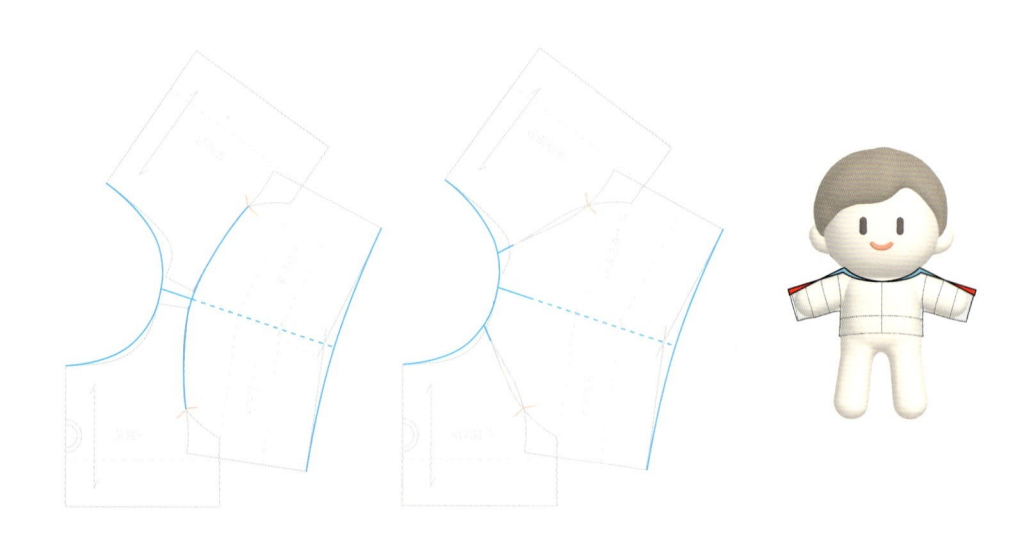

当脖颈处没有多余松量导致穿脱不方便，或因曲率而导致难以缝制时，要将颈部线条改得平缓些。如图所示，以肩线到袖子中心线为基准，线条平缓后，肩膀处会有更多空间。改小袖子中心线的交叉角度，棉花娃娃的胳膊就不会像稻草人一样直直举起。

实物尺寸纸样一览表

绘制纸样时参考的棉花娃娃尺寸

S（15cm）大小的棉花娃娃围度	
颈围（前+后）	14.6cm
颈围（前）	7.3cm
颈围（后）	7.3cm
腰围（前+后）	16cm
腰围（前）	8cm
腰围（后）	8cm
臂围	6.5cm
腿围	7cm
裤裆线（前）	3.5cm
裤裆线（后）	4.5cm
上身长	3cm
下身长	6cm
裤子内缝线	4.5cm
臂长（上）	4.3cm
臂长（下）	3.5cm
腋窝至腰线长度	1cm
肩宽	5cm

L（20cm）大小的棉花娃娃围度	
颈围（前+后）	16cm
颈围（前）	8.5cm
颈围（后）	7.5cm
腰围（前+后）	20cm
腰围（前）	9.8cm
腰围（后）	10.2cm
臂围	7cm
腿围	8cm
裤裆线（前）	5cm
裤裆线（后）	4.7cm
上身长	4cm
下身长	8cm
裤子内缝线	5.2cm
臂长（上）	5.5cm
臂长（下）	4cm
腋窝至腰线长度	1cm
肩宽	5.5cm

服装名	纸样数量	纸样名称	缝份量及补充说明
圆领衫	4	• 圆领衫 上衣 F • 圆领衫 上衣 B • 圆领衫 袖子 • 圆领衫 里布	• 上衣和袖子的底边：7mm • 除里布和连接线外的边缘：×（沿完成线裁剪后，进行防开线处理即可使用） • 其他部分：5mm
裤子	1	• 裤子 裤片	• 腰线，底边：7mm • 其他部分：5mm
松紧裤	1	• 松紧裤 裤片	• 容纳松紧带的腰线和底边：10mm • 其他部分：5mm
无袖连衣裙	2	• 无袖连衣裙 上衣表布，里布 • 无袖连衣裙 裙片	• 上衣表布和裙片连接线，里布底边，裙片底边：7mm • 其他部分：5mm
衬衫	4	• 衬衫 上衣 F • 衬衫 上衣 B • 衬衫 袖子 • 衬衫 领子	• 上衣底边，袖子底边：7mm • 上衣 F 里布及连接部分：25mm（S），30mm（L） • 其他部分：5mm
圆领卫衣	5	• 圆领卫衣 上衣 F • 圆领卫衣 上衣 B • 圆领卫衣 袖子 • 圆领卫衣 袖口 • 圆领卫衣 领口，收腰	• 上衣和袖子的脖颈线和底边：7mm • 收口处：×（沿完成线裁剪） • 其他部分：5mm • 脖颈线和底边不连接收口面料时，多留 7mm 再进行裁剪。
泡泡袖圆领卫衣	5	• 泡泡袖圆领卫衣 上衣 F • 泡泡袖圆领卫衣 上衣 B • 泡泡袖圆领卫衣 袖子 • 泡泡袖圆领卫衣 袖口 • 泡泡袖圆领卫衣 领口，收腰	• 上衣和袖子的领围线和底边：7mm • 收口处：×（沿完成线裁剪） • 其他部分：5mm • 泡泡袖圆领卫衣是将 [圆领卫衣] 的上衣底边周长、袖子底边周长、袖长进行延长后得到的纸样，成品板型比 [圆领卫衣] 更宽松。若收口处的面料已经被拉伸过并且弹性不足，则需要修改面料幅宽。 • 脖颈线和底边不连接收口面料时，多留 7mm 再进行裁剪。
连帽卫衣	8	• 连帽卫衣 帽子表布，里布 • 连帽卫衣 上衣 F • 连帽卫衣 上衣 B • 连帽卫衣 袖子 • 连帽卫衣 口袋 • 连帽卫衣 装饰用帽子表布，里布 • 连帽卫衣 袖口 • 连帽卫衣 收腰	• 上衣和袖子的底边：7mm • 收口处：×（沿完成线裁剪） • 其他部分：5mm • 不连接收口面料时，多留 7mm 再进行裁剪。
背带裤	6	• 背带裤 裤片 • (切开版本) 背带裤 裤片 • 背带裤 上衣表布，里布 • 背带裤 口袋 • 背带裤 腰部 • 背带裤 背带	• 腰部和带子：×（沿完成线裁剪） • 裤片底边：7mm • 其他部分：5mm • 书中还包含沿前中心线切开的背带裤纸样。

服装名	纸样数量	纸样名称	缝份量及补充说明
网球裙	2	• 网球裙 裙片 • 网球裙 腰部	• 腰部：×（沿完成线裁剪） • 裙片底边：7mm • 其他部分：5mm
棒球夹克	7	• 棒球夹克 上衣 F • 棒球夹克 上衣 B • 棒球夹克 袖子 • 棒球夹克 袖口 • 棒球夹克 领口 • 棒球夹克 口袋 • 棒球夹克 底边收口	• 上衣和袖子的领围线和底边：7mm • 收口处：×（沿完成线裁剪） • 其他部分：5mm • 不连接收口面料时，多留 7mm 再进行裁剪。
棒球帽	5	• 棒球帽 F 表布，里布 • 棒球帽 B 表布，里布 • 棒球帽 帽舌表布，里布 • 棒球帽 后带 • 16mm 包布扣	• 后带，黏合衬，包布扣：×（沿完成线裁剪） • 帽舌，帽体 F，帽体 B：5mm
水手服	4	• 水手服 上衣 F • 水手服 上衣 B • 水手服 袖子 • 水手服 领子表布，里布	• 上衣和袖子的底边：7mm • 上衣 F 的里布及连接部分：20mm • 其他部分：5mm
分离式海军领	1	• 分离式海军领 表布，里布	• 所有部分：5mm
贝雷帽	2	• 贝雷帽 F 表布，里布 • 贝雷帽 B 表布，里布	• 所有部分：5mm
双面毛背心	2	• 双面毛背心 上衣表布，里布 • 双面毛背心 口袋	• 所有部分：5mm
耳暖	3	• 耳暖 表布，里布 • 耳暖带 1 • 耳暖带 2	• 带子：×（沿完成线裁剪） • 其他部分：5mm
高领衫	4	• 高领衫 领子 • 高领衫 上衣 F • 高领衫 上衣 B • 高领衫 袖子	• 上衣和袖子的底边：7mm • 其他部分：5mm
大衣	9	• 大衣 上衣 F 表布，里布 • 大衣 上衣 B 表布，里布 • 大衣 后过肩 • 大衣 袖子 F 表布 • 大衣 袖子 B 表布 • 大衣 袖子里布 • 大衣 袖子装饰带 • 大衣 领子表布，里布 • 大衣 口袋表布，里布	• 大衣袖子装饰带：×（沿完成线裁剪） • 其他部分：5mm

服装名	纸样数量	纸样名称	缝份量及补充说明
正装夹克	9	• 正装夹克 上衣 F • 正装夹克 上衣 B • 正装夹克 口袋表布，里布 • 正装夹克 袖子 • 正装夹克 里布 • 正装夹克 领子表布，里布 •（短款）正装夹克 上衣 F •（短款）正装夹克 上衣 B •（短款）正装夹克 里布	• 除表布和连接线外的里布边缘：×（沿完成线裁剪后，进行防开线处理即可使用） • 上衣、袖子和里布的底边：7mm • 其他部分：5mm • 本书中还包含比基础衣长短1cm（S）和1.5cm（L）的短款纸样。
可爱连衣裙	7	• 可爱连衣裙 上衣 • 可爱连衣裙 袖子 • 可爱连衣裙 袖口 • 可爱连衣裙 裙片 F • 可爱连衣裙 裙片 B • 可爱连衣裙 领子表布，里布 • 可爱连衣裙 下摆荷叶边	• 所有部分：5mm
波奈特帽	3	• 波奈特帽 表布，里布 • 波奈特帽 荷叶边 • 波奈特帽 7mm 斜纹	• 斜纹、黏合衬/棉花：×（沿完成线裁剪） • 其他部分：5mm • 使用斜纹方法对边缘处进行收边时，沿完成线裁剪[波奈特帽 表布，里布]。 • 连接表布和里布后，从返口处翻面再缝合边缘时，沿裁剪线裁剪[波奈特帽 表布，里布]。
圣诞帽子	3	• 圣诞帽子 • 圣诞帽子 毛毛装饰 • 圣诞帽子 毛球	• 毛毛装饰，毛球：×（沿完成线裁剪） • 其他部分：5mm
圣诞衣服	5	• 圣诞衣服 上衣 F • 圣诞衣服 上衣 B • 圣诞衣服 袖子 • 圣诞衣服 袖子毛毛装饰 • 圣诞衣服 上衣毛毛装饰	• 毛毛装饰：×（沿完成线裁剪） • 其他部分：5mm
圣诞裤子	2	• 圣诞裤子 • 圣诞裤子 毛毛装饰	• 容纳松紧带的腰线：10cm • 毛毛装饰：×（沿完成线裁剪） • 其他部分：5mm
男式韩服	7	• 男式韩服 上衣表布 • 男式韩服 上衣里布 • 男式韩服 袖子表布，里布 • 男式韩服 袖档表布，里布 • 男式韩服 衣领 • 男式韩服 衣带（结） • 男式韩服 衣带	• 衣领，衣带：×（沿完成线裁剪） • 其他部分：5mm
女式韩服	7	• 女式韩服 上衣 F • 女式韩服 上衣 B • 女式韩服 袖子 • 女式韩服 裙片 • 女式韩服 衣领 • 女式韩服 衣带（结） • 女式韩服 衣带	• 衣领：×（沿完成线裁剪） • 袖子和裙片底边，裙片连接线：7mm • 其他部分：5mm